**Blütenfarbe
blau**

 **Blütenfarbe
gelb**

 **Blütenfarbe
grün oder braun**

Gamander-Ehrenpreis

Seite 73–75

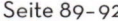

Schöllkraut

Seite 89–92

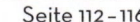

Waldbingelkraut

Seite 112–116

Rundblättr. Glockenblume

Seite 76–78

Sumpfdotterblume

Seite 93–99

Tollkirsche

Seite 117–118

Kornblume

Seite 79–80

Wiesen-Löwenzahn

Seite 100–108

Vierblättrige Einbeere

Seite 119

Wald-Veilchen

Seite 81–88

Hornklee

Seite 109–111

Keine Art vorhanden

Felix Weiß

Einfach Blumen

100 Arten ganz leicht erkennen

KOSMOS

Inhalt

Einfach Blumen

Blumen sind kleine Gemälde der Natur. Ihre bunten Blüten bringen Farbe in das gleichförmige Grün und Braun der Pflanzenwelt. Eigentlich soll die Farbenpracht nur Insekten anziehen, die für ihren Besuch mit Nektar belohnt werden und gleichzeitig für die Befruchtung sorgen, aber nebenbei erfreuen sie auch uns Menschen. Blumen sind eher klein, zumindest im Vergleich zu den mächtigen Bäumen oder üppigen Sträuchern, und ihre Stängel sind meist grün und weich, wiederum im Gegensatz zu den braunen Baumstämmen und verholzten Sträuchern. Einige Bäume und Sträucher wie der Apfelbaum (*Malus domestica*) oder die Hundsrose (*Rosa canina*) bilden auch prächtige Blüten aus, doch sind sie für dieses Buch nicht berücksichtigt worden. Bei den ebenfalls kleinen und grünen Gräsern und Seggen fehlen wiederum die auffällig bunten Blüten, denn die Bestäubung übernimmt bei ihnen der Wind. In diesem Buch soll es also um Blumen gehen, nicht um Bäume, Sträucher oder Gräser. Es ist eine kleine, aber repräsentative Auswahl von 100 häufigen und verbreiteten Arten, die es Ihnen ermöglichen soll, diese große, charismatische und vielseitige Pflanzengruppe kennenzulernen. ■

„Blumen sind das Lächeln der Erde." – Ralph Waldo Emerson

Blumen bestimmen

Das Schmalblättrige Weidenröschen macht es uns nicht leicht: Zunächst sind die Blütenblätter kreisförmig angeordnet, später zweiseitig-symmetrisch.

Wenn wir einer Blume einen Namen geben, ihre Artzugehörigkeit bestimmen, wird sie gedanklich greifbar. Wir können mehr über ihr Leben erfahren und die Beobachtung einordnen in andere Begegnungen mit Blumen derselben Art. Die Blume wird zu einer Bekannten, die man bei der nächsten Begegnung schneller wiedererkennt und mit der Zeit auch ihre Entwicklung von den winzigen Keimlingen bis zu den gereiften und vertrockneten Fruchtständen kennenlernt, bis man sie auch bei einem flüchtigen Blick im Vorbeigehen erkennt und alles über ihr Leben weiß. Bei der ersten Begegnung steht man allerdings noch rätselnd vor dem unbekannten Pflänzchen.

Erster Schritt: Farbe

Betrachten Sie zunächst die Farbe der Blüte und versuchen Sie diese einer der fünf Hauptfarben Rot, Weiß, Blau, Gelb oder Grün zuzuordnen. Nach diesen Farben sind die Blumen hier im Buch geordnet. Manchmal fällt es nicht ganz leicht eine Entscheidung zu treffen, denn manche Farben, wie Lila oder Orange, stehen zwischen zwei Hauptfarben. Ziehen Sie in diesen Fällen beide Hauptfarben für die Bestimmung in Betracht. Bei einigen Blumen treten auch verschiedene Farbvarianten auf, so sind Hohler Lerchensporn (S. 36) und Roter Fingerhut (S. 42) sowohl in einer roten als auch in einer weißen Variante zu finden. Die Blumen sind dann jeweils nach ihrer bunten Variante einsortiert.

kreisförmig

Zweiter Schritt: Form

Im nächsten Schritt widmen Sie sich bei der Bestimmung der Form der Blüte. Ist die Blüte kreisförmig oder können Sie eine Spiegelebene zwischen zwei gleichen Seiten, wie bei einem Gesicht, erkennen (zweiseitig-symmetrisch)? Selten ist die Unterscheidung zwischen kreisförmigen und zweiseitig-symmetrischen Blüten schwierig. Manchmal machen es die Blumen uns aber etwas schwieriger: Die Blüten des Schmalblättrigen Weidenröschens (S. 23) haben vier rote Blütenblätter, die zunächst kreisförmig angeordnet sind, sich aber mit zunehmendem Alter der Blüte zweiseitig-symmetrisch anordnen.

Die scheinbar zehn Blütenblätter der Großen Sternmiere sind tatsächlich fünf tief eingeschnittene.

2-seitig-symmetrisch

Dritter Schritt: Anzahl der Blütenblätter

Handelt es sich um eine kreisförmige Blüte, so zählen Sie anschließend die bunten Blütenblätter. Sind es bis maximal vier Blätter, fünf Blätter oder mehr als fünf? Aber auch hier Achtung: Einige Arten haben fast bis zum Grund geteilte Blütenblätter und aus fünf werden so schnell scheinbar zehn!

Mit diesen drei Schritten haben Sie nun die Zahl der infrage kommenden Arten bereits auf eine relativ kleine Gruppe eingegrenzt. Eine Übersicht mit den oben beschriebenen Merkmalen und Verweise zu den entsprechenden Seitenzahlen finden Sie auf den vorderen Umschlagklappen.

Besondere Blütenformen

Einige besondere Blütenformen sollten Sie sich einprägen, da sie für eine
ganze Familie von Pflanzen typisch
sind. Bei den Doldenblütlern sind die
winzigen kreisförmigen Einzelblüten
lang gestielt und die Blütenstiele
treffen sich in einem Punkt zu einem
Döldchen. Diese Döldchen sind dann
jeweils wiederum mit langen Stielen
versehen, die sich auch in einem
Punkt am Stängel vereinen. So entsteht ein großer zweifach verzweigter
Schirm, der entfernt an eine einzelne
große Blüte erinnert und Dolde genannt wird. Diese Form der Blüte ist
typisch für die Doldenblütler, aber
auch bei einigen anderen Pflanzenarten zu finden. Manchmal auch nicht
ganz perfekt, so dass die einzelnen

Blütenstiele nicht exakt in einem
Punkt zusammentreffen. Man spricht
dann von einer Scheindolde.
Bei den Korbblütlern ging die Entwicklung noch einen Schritt weiter.
Die einzelnen Blüten sind bei dieser
Pflanzenfamilie winzig kleine Röhren,
die dicht aneinandergedrängt auf
einem gemeinsamen Blütenboden
vereinigt sind. Manchmal haben die
winzigen Einzelblüten auch ein einzel-
nes langes Blütenblatt, eine sogenannte Zungenblüte, was der Blume dann
einen gefransten Eindruck verleiht
wie beim Wiesen-Löwenzahn (S. 107).
Die Zungenblüten können jedoch
auch auf den Rand der Blüte be-
schränkt sein und einen Korb aus Röhrenblüten in der Mitte umgeben wie
bei der Wiesen-Margerite (S. 65).

Die Korbblüten der Margerite bestehen aus
gelben Röhren- und weißen Zungenblüten,

Der Giersch ist ein typischer
Doldenblütler.

gekreuzt
gegenständig,
ei- bis herz-
förmig, Rand
gesägt

Diese Merkmale helfen oft, Blumen mit ähnlicher Blütenform voneinander zu unterscheiden. Eine Übersicht mit charakteristischen Blattformen und Blatträndern finden Sie auf den Umschlagklappen am Ende des Buches.

Mit allen Sinnen

Beschränken Sie sich aber nicht darauf, die Blume nur zu betrachten! Riechen Sie an den Blüten, der Duft kann charakteristisch sein. Reiben Sie an den Blättern und riechen Sie danach an Ihren Fingern: Produziert die Pflanze ätherische Öle? Befühlen Sie Blätter und Stängel, sind diese glatt, rau, haarig, stachelig? Dies alles können wichtige Kennzeichen für die Be-

Die Blätter helfen weiter

Für die weitere Bestimmung sollten Sie Ihren Blick auf die Blätter richten. Besonders wie diese angeordnet sind, ist für die Bestimmung ein wichtiges Kriterium. Sind die Blätter nur am Boden in einer Rosette vereinigt oder über den ganzen Stängel verteilt? Stehen sich jeweils zwei Blätter gegenüber oder sitzen sie scheinbar zufällig einzeln am Stängel? Und wie ist das einzelne Blatt geformt? Länglich, eiförmig, rund, wie eine Lanze, herzförmig, nierenförmig oder unterteilt? Und wie sieht der Rand des Blattes aus? Ist er glatt, eingebuchtet, gesägt wie die Zinken einer Säge oder mit feinen Zähnchen versehen?

Die Blätter des Bärlauchs erkennt man an ihrem Knoblauchgeruch.

stimmung sein. So sollten Sie in den meisten Fällen zu einer Art gelangen, deren Merkmale mit Ihrer Blume gut übereinstimmen. Manchmal passt die Beschreibung im Buch allerdings nicht so ganz mit dem Exemplar in der Natur zusammen. Dann denken Sie immer an den Spruch: *Kein Blatt gleicht dem anderen.*

Eine große Vielfalt

Die Formen der Pflanzenindividuen einer Art sind im Unterschied zu Tieren ungemein variabel. Das Erbmaterial, die Gene der Pflanzen, legt zwar den generellen Bauplan und die Entwicklung fest, doch haben Nährstoffe im Boden, Lichtverfügbarkeit, Nachbarpflanzen und viele andere Faktoren einen entscheidenden Einfluss darauf, wie dieser Bauplan umgesetzt wird. Dieses Phänomen wird phänotypische Plastizität genannt. Regelmäßig kommt es vor, dass man auf zwei Pflanzen trifft, die so verschieden gestaltet sind, dass man sie für unterschiedliche Arten hält, und die bei näherer Betrachtung doch nur individuell gewachsen sind. Ein typisches Beispiel sind Licht- und Schattenblätter. Viele Pflanzenarten bilden bei Lichtmangel größere Blätter aus, um das wenige einfallende Licht auffangen zu können. Bei einem Vergleich von Brennnesseln, die im Wald wachsen, mit denen auf einer Wiese lässt sich dieser Effekt gut erkennen.
Es kann vorkommen, dass Sie trotz

Die Blätter des Löwenzahns zeigen, wie groß die Bandbreite in der Natur ist.

schrittweisem Vorgehen bei der Bestimmung und sorgfältigem Vergleich Ihrer Blume mit den Abbildungen und Beschriftungen im Buch keine passende Art finden können. Das ist leider unvermeidlich, da nur eine kleine Auswahl der über 4.000 Pflanzenarten in Deutschland hier Platz finden konnte. Das kann zunächst etwas frustrierend sein. Notieren Sie sich in diesem Fall die Merkmale, die Ihnen im Bestimmungsprozess bisher schon aufgefallen sind, machen Sie ein Foto von der Pflanze und setzen Sie Ihre Bestimmung in einem umfangreicheren Bestimmungsbuch z. B. im Kosmos-Naturführer *Was blüht denn da?* fort. Sie können dann direkt in der richtigen Gruppe oder Pflanzenfamilie einsteigen. ■

Mehr als vier Jahreszeiten

In Mitteleuropa werden im phänologischen Kalender nicht nur vier, sondern ganze zehn Jahreszeiten unterschieden, die sich nach besonderen Ereignissen in der Pflanzenwelt richten und je nach Witterung von Jahr zu Jahr verschieben. Am bekanntesten ist der Beginn des Vollfrühlings, der mit dem Öffnen der Apfelblüten einsetzt. Für jede der zehn phänologischen Jahreszeiten wurden Zeigerpflanzen und besondere Ereignisse wie Blattentfaltung, Blüte oder Fruchtreife festgelegt, an denen ihr Beginn erkannt wird.

Der **Vorfrühling** beginnt mit der Blüte der Schneeglöckchen und Haselsträucher. Jetzt blühen auch Märzenbecher und Huflattich.

Im **Erstfrühling** öffnen in den Gärten die aus China stammenden Forsythien ihre Blüten und bei den Stachelbeeren entfalten sich die Blattknospen. Am Waldboden buhlen die Frühblüher um Aufmerksamkeit: Hohler Lerchensporn, Buschwindröschen, Scharbockskraut und Waldveilchen. Der Beginn der Apfelblüte kennzeichnet den Anfang des **Vollfrühlings**. Jetzt öffnen sich auch die Blattknospen der Stiel-Eichen. Im Wald erscheinen die Blüten von Maiglöckchen, Bärlauch, Waldmeister, Walderdbeere und Vierblättriger Einbeere. In Feuchtwiesen blüht das Breitblättrige Knabenkraut.

Im **Frühsommer** erscheinen die Blüten des Schwarzen Holunders und der Robinie. Ein Feuerwerk der Blütenpracht prägt den Frühsommer. In Äckern öffnen sich die Blüten von Klatschmohn und Kornblume und Wegränder sind mit Vielblättriger Lupine, Gewöhnlichem Natternkopf und Wiesen-Witwenblume geschmückt. Die Früchte der Roten Johannisbeere werden im **Hochsommer** reif und es blühen die Sommer-Linden. Immer noch erscheinen reichlich neue Blüten: Schmalblättrige Weidenröschen, Drüsiges Springkraut und Rainfarn.

Der Beginn der Apfelblüten kündigt den Vollfrühling an.

Die ersten Äpfel der frühreifenden Sorten erreichen im **Spätsommer** die Pflückreife und die Früchte der Eberesche färben sich rot. Besonders auf Wiesen und an Wegrändern ist die Vielfalt der Blumen noch groß, aber es beginnen kaum neue Pflanzen mit der Blüte.

Im nachfolgenden **Frühherbst** werden die ersten Früchte des Schwarzen Holunders und der Kornellkirsche reif. Einige Pflanzen haben bis jetzt abgewartet: Heidekraut, Herbstzeitlose und die Kanadische Goldrute öffnen jetzt ihre Blüten.

Im **Vollherbst** fallen die ersten Früchte der Rosskastanien und Stiel-Eichen zu Boden. Die Vegetation ist auf dem Rückzug. Blüten sind kaum noch zu sehen, aber dafür sind die vielfältigen Früchte der Blumen zu bewundern. Das Einsetzen des **Winters** wird über den Blattfall der Stiel-Eiche, spätreifender Apfelsorten und das Abwerfen der Nadeln der Europäischen Lärche definiert. Einige Blumen zeigen das ganze Jahr über Blüten und so sind auch jetzt noch vereinzelt blühende Pflanzen des Gewöhnlichen Hirtentäschels, des Gänseblümchens und der Gewöhnlichen Vogelmiere zu finden.

Von Ort zu Ort verschieden

Der Beginn der phänologischen Jahreszeiten unterscheidet sich je nach Region, Höhenlage und der Witterung erheblich. Der Deutsche Wetterdienst beobachtet in eigens angelegten Phänologischen Gärten mit Hilfe zahlreicher Freiwilliger die Variation genau. Nicht zuletzt ist sie auch eine wichtige Kenngröße für die Beobachtung des menschengemachten Klimawandels.

Es wird nie langweilig

Die Phänologie macht einen besonderen Reiz bei der Beobachtung von Pflanzen aus. Über das Jahr ändert sich das Bild einer Landschaft mit dem Aufwuchs, dem Blühen und dem Rückzug der Vegetation. Jeder neue Blühaspekt verändert die Landschaft und es ist daher sehr lohnend, den selben Ort über die phänologischen Jahreszeiten mehrfach, will man nichts verpassen auch zehnmal, zu besuchen. So wird es nie langweilig im Leben eines Botanikers, und wenn die Früchte der Rosskastanien und Stiel-Eichen zu Boden fallen, kann man sich schon auf die Blattspitzen der ersten Schneeglöckchen freuen, die in drei Monaten aus dem kalten Boden emporwachsen und die nächste Vegetationsperiode einleiten. ∎

Die Kleinen Schneeglöckchen blühen, die nächste Vegetationsperiode beginnt.

Heilende und essbare Pflanzen

Pflanzen waren die ersten Arzneimittel der Menschheit. Von außen sehen alle Pflanzen grün aus, aber in ihrem Inneren enthalten sie eine beeindruckende Vielfalt chemischer Verbindungen, von denen einige drastische Wirkungen auf den menschlichen Körper haben – im Guten als Medizin oder im Schlechten als Gift.

Aberglauben und Wissenschaft

Viele historisch überlieferte Heilwirkungen sind mit Sicherheit dem Aberglauben zuzuschreiben. Besonders verbreitet war es im Mittelalter, aus der Form einer Pflanze oder eines Pflanzenteils auf dessen Wirkung zu schließen. Die Ähnlichkeit der Blüten des Natternkopfs (S. 84) zu einem Schlangenkopf wurden als sicherer

giftig

Hinweis gedeutet, dass die Pflanze gegen Schlangenbisse hilft. Da das Gift der in Mitteleuropa vorkommenden Kreuzotter nur in den seltensten Fällen tödlich ist, war die Behandlung mit der Pflanze scheinbar erfolgreich. Für den Patienten war sie zwar eine moralische Unterstützung, ein wirksames Gegengift war sie allerdings mit Sicherheit nicht.

Bei einigen traditionellen Heilpflanzen konnte die moderne medizinische Forschung die überlieferte Wirkung jedoch bestätigen. Die lindernde Wirkung von Tee aus der Echten Kamille (S. 64) bei Magen-Darm-Beschwerden oder die hustenstillende Wirkung von Spitzwegerich (S. 116) sind zwei prominente Beispiele. Aber auch in der Antike wusste man bereits um die Grenzen der Heilkräfte der Pflanzen und es ist aus dem alten Rom die Redewendung *Contra vim mortis non est medicam in hortis* überliefert: Dagegen ist kein Kraut gewachsen.

Mit Vorsicht zu genießen

Seien Sie jedoch vorsichtig, wenn Sie Pflanzen als Heilmittel nutzen wollen. Denn Pflanzen können nicht nur heilende Wirkung haben, sondern bilden teilweise auch extrem wirksame Gifte. Und auch Heilpflanzen können in der falschen Dosierung giftig wirken. Die Vergiftung kann sich zum Beispiel durch Magenschmerzen, Übelkeit,

Hautausschlag oder Taubheitsgefühl äußern, bei sehr giftigen Arten wie der Herbstzeitlosen (S. 35) aber auch zum Tod führen.

Wenn Sie eine der im Buch beschriebenen Heilpflanzen verwenden wollen, sollten Sie sie grundsätzlich in einer Apotheke besorgen. So können Sie sichergehen, dass die Pflanze richtig bestimmt wurde und den Wirkstoff in der richtigen Konzentration enthält. Außerdem werden bei vielen Heilpflanzen spezielle Sorten gezüchtet, die zum Beispiel weniger Bitterstoffe enthalten als Wildpflanzen. Beim Kauf in der Apotheke erhalten Sie außerdem Ratschläge zur richtigen Dosierung und Anwendung.

Sammeln Sie nur Kräuter, die Sie sicher erkennen, an unbelasteten Standorten.

Essbare Pflanzen

Eine Reihe von Blumen in diesem Buch ist durchaus schmackhaft oder eignet sich als Gewürz. Probieren Sie doch einmal die jungen Blätter von Brennnessel (S. 112), Giersch (S. 58), Löwenzahn (S. 107) oder Knoblauchsrauke (S. 44), wenn Sie ihnen begegnen. Achten Sie dabei jedoch darauf, wo sie die Pflanzen sammeln. Standorte an Straßen sollten Sie wegen der Schadstoffe des Verkehrs meiden, ebenso städtische Parkanlagen. Am besten sammeln Sie in ländlicher Umgebung oder im Wald. Beachten Sie dabei jedoch, dass das Sammeln von Pflanzen in Naturschutzgebieten aus gutem Grund verboten ist und respektieren Sie Privatgrundstücke. Sammeln Sie auch nie zu viele Pflanzen

von einem Bestand, damit er sich schnell erholen kann. Wildgemüse sammelt man am besten im Vollfrühling oder Frühsommer, wenn die Blätter noch jung sind. Später im Jahr bilden sie oft Bitterstoffe, die sich negativ auf den Geschmack auswirken und unbekömmlich sein können. Beim Pflücken von Wildgemüse müssen Sie sehr sorgfältig mit der Bestimmung sein, um keine Verwechslung mit ähnlichen giftigen Arten zu begehen. Ein besonderes Risiko stellen dabei der populäre Bärlauch (S. 68) und die tödlich giftigen ähnlichen Blätter von Maiglöckchen (S. 67) und Herbstzeitlose (S. 35) dar. Eine potenzielle Gefahr sind zudem Infektionen mit dem in manchen Regionen verbreiteten Fuchsbandwurm, mit dessen Eiern Wildpflanzen verunreinigt sein können. Wildgemüse sollte daher vor dem Verzehr gründlich gewaschen werden. ■

Pflanzen sind bedroht

Heidelandschaften bleiben nur erhalten, wenn sie regelmäßig beweidet werden.

Für dieses Buch wurden gezielt häufige und verbreitete Blumen ausgewählt, denen man praktisch überall begegnet. Die wenigsten von ihnen sind gefährdet. Dies darf jedoch nicht darüber hinwegtäuschen, dass ein bedeutender Teil der heimischen Pflanzenwelt in ihrem Bestand bedroht ist. In der aktuellen Roten Liste, der Zusammenstellung der gefährdeten Pflanzen in Deutschland, sind 28 % aller Arten als in ihrem Bestand gefährdet bewertet. 65 Arten sind sogar ausgestorben oder wurden seit vielen Jahren nicht mehr gefunden.

Lebensraumverlust

Die Ursachen für die Bedrohung sind vielfältig, aber besonders gravierend wirkt sich der Verlust oder die Veränderung von Lebensräumen aus. Dramatisch ist die Situation für Arten, die auf nährstoffarme Lebensräume wie Magerrasen angewiesen sind. Durch die moderne Landwirtschaft gelangen gewaltige Mengen künstlich hergestellter Stickstoffdünger (im Jahr 2019 waren es 1,3 Millionen Tonnen) in die Umwelt und durch Wind und Wasser auch dorthin, wo es eigentlich gar nicht vorgesehen war. So nimmt der Stickstoffgehalt im Boden auch in Naturschutzgebieten schleichend zu und Arten, die auf nährstoffarme Standorte spezialisiert sind, werden fast unmerklich von Jahr zu Jahr seltener. Gravierend wirkt sich auch die zunehmende Entwässerung aus. Tiefe Gräben und Drainagerohre machen Flächen selbst für schwere Traktoren befahrbar. Durch den abgesenkten Grundwasserspiegel trocknen aber auch benachbarte Flächen aus. Viele Pflanzenarten, die in Feuchtwiesen wachsen, sind daher nur noch in wenigen Naturschutzgebieten zu finden.

An anderer Stelle führt dagegen die fehlende landwirtschaftliche Nutzung zum Verschwinden von Pflanzen. Ohne den Menschen wäre Deutschland, von wenigen Ausnahmen wie z. B. den Salzwiesen der Nordseeküste abgesehen, ein einziger Wald. Erst durch die Landwirtschaft entstanden Wiesen und Äcker und wurde Deutschland für Arten der Steppen zu einem geeigneten Lebensraum.

Pflanzen schützen

In früherer Zeit führte auch das Pflücken und Ausgraben bei einigen Arten zu einer deutlichen Bedrohung. Diese wurden daher generell unter Schutz gestellt und dürfen grundsätzlich nicht gepflückt werden. Hier im Buch sind die Arten durch den Hinweis „geschützt" bei den Abbildungen gekennzeichnet. Auch Sie können etwas zum Schutz der heimischen Pflanzenwelt beitragen. Engagieren Sie sich in einem Naturschutzverein. Viele lokale Vereine oder Ortsgruppen, zum Beispiel des NABU oder des BUND,

haben Patenschaften für bedrohte Lebensräume, z. B. für eine Feuchtwiese mit Orchideen, eine Streuobstwiese oder Heideflächen, übernommen und stellen mit gezielten Pflegemaßnahmen deren langfristigen Erhalt sicher. Das ist nicht nur ein wertvoller Beitrag für den Naturschutz, sondern auch eine wunderbare Gelegenheit, neue Pflanzenarten kennenzulernen und sie über das Jahr zu begleiten. Wenn Sie einen Garten besitzen, verzichten Sie unbedingt auf den Einsatz von Herbiziden und künstlichem Dünger und haben sie etwas Mut zur Unordnung. Dann werden Sie bald auch bei sich vor der Haustür viele der hier vorgestellten Arten bewundern können. ∎

geschützt

Klatschmohn

PAPAVER RHOEAS

Mit dem Ackerbau zog der Klatschmohn von
den Steppen Nordafrikas in die Welt hinaus
und schmückt seither hochsommerliche
Kornfelder mit seinen zinnoberroten Blüten.

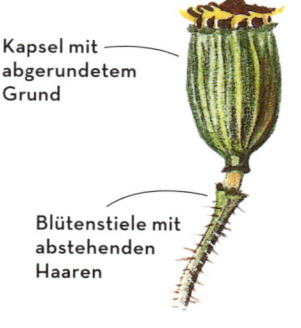

4 zinnoberrote
Blütenblätter meist
mit schwarzem Grund

Kapsel mit
abgerundetem
Grund

Knospen hängen
nach unten

Blütenstiele mit
abstehenden
Haaren

Blätter fiederteilig,
nicht stängel-
umfassend

Die großen, hauchdünnen Blütenblätter wirken mit ihrer starken UV-Reflexion unwider-
stehlich auf Bienen und Hummeln, dabei bieten die Blüten gar keinen Nektar. Dafür aber
extrem viele – bis zu 2,5 Millionen – Pollenkör-
ner. Nach nur 2 bis 3 Tagen Blühzeit segeln die
Blütenblätter zu Boden. In den reifen Samen-
kapseln rasseln die winzigen, bohnenförmigen,
schwarzen Samen und werden bei Wind aus
den feinen Löchern im Deckel in die Umgebung verstreut. Die Mohnsamen in der Bäcke-
rei stammen übrigens nicht vom Klatsch-,
sondern vom verwandten Schlafmohn. ∎

Großer Sauerampfer

RUMEX ACETOSA

Auf nährstoffreichen Wiesen und Weiden
leuchten die matt orangeroten Blütenstände
im Frühsommer zwischen den Gräsern.
Die papierartigen, lockeren Fruchtstände
rascheln im leichten Wind.

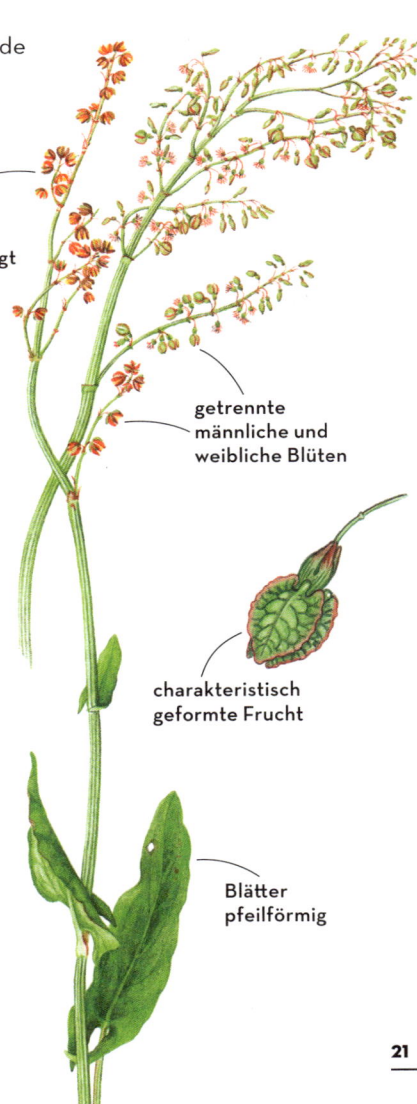

Blütenstand
locker und
wenig verzweigt

weibliche Blüte
mit Narben

getrennte
männliche und
weibliche Blüten

männliche Blüte
mit Staubblättern

charakteristisch
geformte Frucht

Die jungen Blätter sind eines der sieben
Kräuter in der Frankfurter Grünen Soße.
In großen Mengen wirken die für den
namensgebenden, säuerlichen Geschmack
verantwortliche Oxalsäure und das Kalium-
oxalat jedoch giftig und können zu Nieren-
schäden führen. Die Raupen einiger Arten
der Feuerfalter, einer bunten Gruppe teils
stark bedrohter Schmetterlinge, haben sich
jedoch ganz auf den Großen Sauerampfer
als Nahrungspflanze spezialisiert. ■

Blätter
pfeilförmig

Heidekraut, Besenheide

CALLUNA VULGARIS

Das Heidekraut blüht im Spätsommer, und wo es häufig ist, leuchten ganze Landschaften in einem kräftigen, rötlichen Lila. Es wächst auf den nährstoffärmsten und besonders sauren Böden.

Kelch- länger
als Blütenblätter,
beide lila gefärbt

Zwergstrauch,
30–100 cm hoch,
Stängel verholzend

Blätter nadelförmig
bis 4 mm lang, immergrün

Blüten in einseitiger Traube

Durch Übernutzung der Böden konnte sich das Heidekraut in früheren Jahrhunderten stark ausbreiten und prägte besonders in Norddeutschland ganze Regionen, was sich in der Landschaftsbezeichnung Heide erhalten hat. Um das Heidekraut hatte sich eine ganze Wirtschaft entwickelt, mit extensiver Schafbeweidung durch Heidschnucken und Imkerei, denn die Blüten bilden ausgesprochen viel Nektar - bis zu 0,12 mg je Blüte täglich. Durch Aufforstung und den Einsatz von künstlichem Dünger sind viele ehemalige Heideflächen verschwunden und zu Wald oder Ackerland umgewandelt worden. ■

Schmalblättriges Weidenröschen

EPILOBIUM ANGUSTIFOLIUM

Im Spätsommer blüht das Schmalblättrige Weidenröschen in großen Gruppen an sonnigen, nährstoffreichen, kalkarmen Standorten wie Waldlichtungen, Wegen oder Ufern.

Narbe 4-teilig

bis 120 cm hohe, aufrechte Pflanze, lange, spitze Blütentrauben

längliche, rote Kapselfrüchte

2–3 cm große Blüten, anfangs kreisförmig, später 2-seitig symmetrisch

Der Berliner Botaniker Christian Conrad Sprengel entdeckte bei Beobachtungen am Schmalblättrigen Weidenröschen Ende des 18. Jahrhunderts die Fremdbestäubung, also die Übertragung von männlichem Pollen auf die weibliche Narbe einer anderen Pflanze. Er erkannte nämlich, dass das Weidenröschen zunächst nur Staubblätter mit Pollen ausbildet und erst später die Narbe erscheint, wenn der Pollen bereits verschwunden ist. Die Bestäubung kann also nur von einer anderen, jüngeren Pflanze, die gerade Pollen ausbildet, auf eine ältere Pflanze mit entwickelter Narbe erfolgen. ■

längliche Blätter mit glattem Rand und blaugrüner Unterseite

Rote Lichtnelke

SILENE DIOICA

Auf feuchten Wiesen, an Waldrändern und in lichten Wäldern wachsen die Roten Lichtnelken an Stellen mit reichlich Nährstoffen und kalkhaltigem Boden.

Blütenblätter bis zur Hälfte gespalten

Kelch bei männlichen Blüten mit 10 Nerven

bis 90 cm hoch, ganze Pflanze auffallend abstehend behaart

Blüten 1,5–2,5 cm breit, Kelch bei weiblichen Blüten mit 20 Nerven, bauchig

Blätter gegenständig, zugespitzt und glattrandig

Rote Lichtnelken blühen vom Vollfrühling bis in den Herbst. Männliche und weibliche Blüten wachsen an unterschiedlichen Pflanzen, deshalb trägt die Rote Lichtnelke den wissenschaftlichen Namen *dioica* (zweihäusig). Männliche Pflanzen bilden deutlich mehr und etwas größere Blüten aus als weibliche. Die Bestäubung erfolgt durch Tagfalter und langrüsselige Hummelarten, die den Nektar am Boden der langen Blütenröhre erreichen können. Kurzrüsselige Hummeln wie die Dunkle Erdhummel (*Bombus terrestris*) beißen ein Loch in den Blütenboden und gelangen so auch an den Nektar. ∎

Vogelknöterich

POLYGONUM AVICULARE

Der Vogelknöterich besiedelt als Pionier Schuttflächen und kann sogar in Ritzen von Gehwegplatten wachsen, da er ausgesprochen widerstandsfähig gegen Vertritt ist.

silbrig glänzende, durchscheinende Blattscheiden

Stängel am Boden kriechend, gestreift

Die kleinen Samen sind ein beliebtes Futter bei Haussperlingen und werden teilweise durch sie verbreitet. Bei nassem Wetter haften sie auch an Schuhsohlen. Die Samen können über 200 Jahre keimfähig bleiben und machen dabei einen alljährlichen Wechsel zwischen ruhendem Zustand im Sommer und keimbereitem Zustand im Herbst und Winter durch. Aufgebrühter Tee mit Vogelknöterich wird als Arznei bei Husten und Erkältungen, bei leichten Entzündungen im Mund und Rachen sowie bei Blasenentzündungen eingesetzt. ■

Blüten einzeln oder in kleinen Gruppen in den Blattachseln, unscheinbar rosa oder grünlich

Bach-Nelkenwurz

GEUM RIVALE

Die Bach-Nelkenwurz mag es feucht, worauf schon der wissenschaftliche Name *rivale* – am Bach wachsend – hinweist. Sie gedeiht besonders auf Feuchtwiesen und in Hochstaudenfluren.

obere Blätter 3-teilig,
Stängel dicht behaart

Kelchblätter
braunviolett

Früchte
aufrecht

Blüten nickend,
Blütenblätter rosa,
Staubbeutel gelb

Griffelreste
mit Haken zur
Verbreitung
der Samen

untere Blätter
gefiedert

Die nickenden Blüten sind meist zwittrig, es treten jedoch auch rein männliche Pflanzen oder rein männliche Blüten auf. Der Griffel hat eine außergewöhnliche Form: Er ist auf halber Länge s-förmig gebogen. Zur Reifezeit richtet sich die Blüte auf und der äußere Teil des Griffels fällt an einer Sollbruchstelle ab. Dabei entsteht ein Haken, der sich im Fell von Tieren verfängt, die so die Samen verbreiten. Aber auch der Wind kann die leichten, behaarten Samen davontragen. ∎

Stinkstorchschnabel

GERANIUM ROBERTIANUM

Der Stinkstorchschnabel wächst meist an nährstoffreichen, schattigen Standorten in Wäldern, Gebüschen, auf Schutt und auch in Gärten.

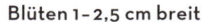

Blüten 1–2,5 cm breit

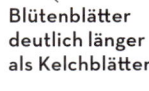

Blütenblätter deutlich länger als Kelchblätter

Blätter aus tief eingeschnittenen Blättchen zusammengesetzt

schnabelförmige Fruchtkapsel

Stängel und Blätter oft rot überlaufen

Stängel und Kelch abstehend behaart

Die Pflanze verträgt allerdings auch direktes Sonnenlicht und bildet dann Lichtschutzpigmente, die die Blätter dunkelrot färben. Der unangenehme Geruch stammt von ätherischen Ölen, die angeblich Fliegen vertreiben. Die Blüten werden von Bienen bestäubt, es tritt jedoch auch Selbstbestäubung auf. Die für die Storchschnäbel namensgebenden spitzen Fruchtkapseln haben einen Schleudermechanismus. Die getrocknete Fruchtklappe löst sich plötzlich von der Mittelachse und schleudert die Samen bis 6 m weit. ∎

Ackerwinde

CONVOLVULUS ARVENSIS

Die Ackerwinde wächst als Pionierpflanze auf kalkreichen Böden an Wegrändern, auf Brachflächen, in Gärten, Weinbergen und auf Äckern.

große, trichterförmige Blüten, blassrosa gestreift oder weiß

Blätter stumpf spießförmig

Stängel gewunden

Von oben betrachtet führt die Spitze der Pflanze kreisende Bewegungen gegen den Uhrzeigersinn aus, dabei benötigt sie nur wenige Stunden für eine Umdrehung. Berührt die Ackerwinde eine andere Pflanze, so windet sie sich an ihr in die Höhe und hemmt damit das Wachstum der anderen Pflanze deutlich. In der Landwirtschaft ist sie weltweit ein gefürchtetes Unkraut, da sie bis 2 m tief reichende Wurzeln ausbildet, die vom Pflug nicht erreicht werden und aus denen immer wieder neue Pflanzen austreiben. ■

Gewöhnlicher Beinwell

SYMPHYTHUM OFFICINALE

Der Beinwell wächst an nährstoffreichen, feuchten Standorten, besonders an den Ufern von Bächen oder in feuchten Wiesen.

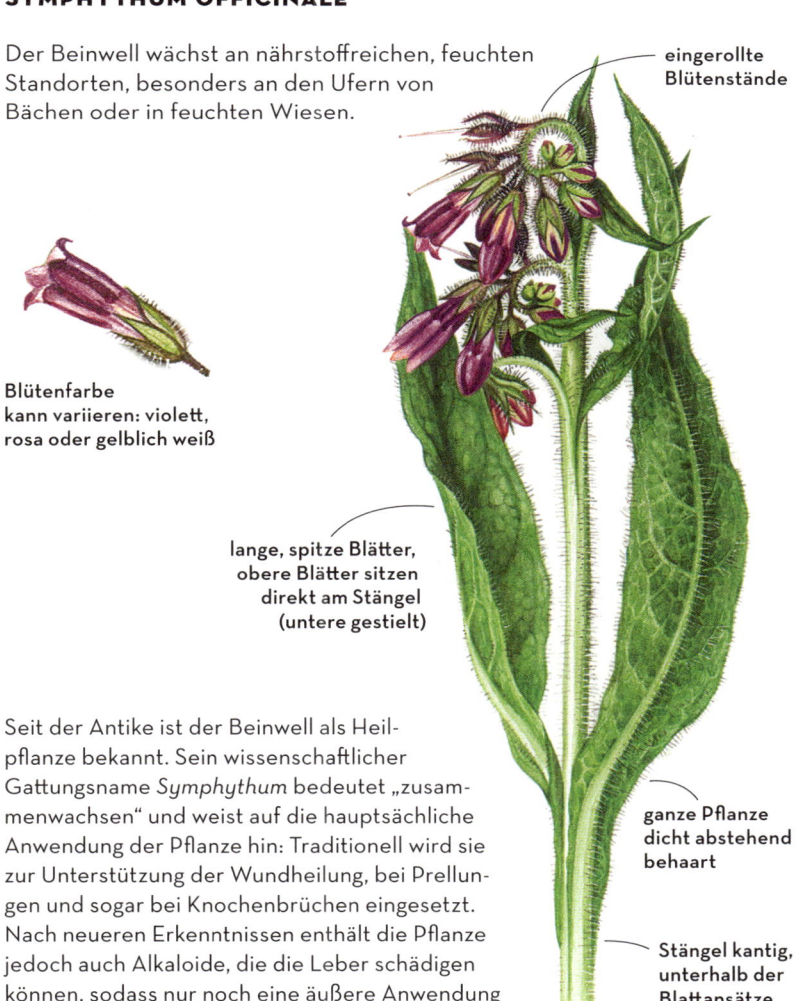

eingerollte Blütenstände

Blütenfarbe kann variieren: violett, rosa oder gelblich weiß

lange, spitze Blätter, obere Blätter sitzen direkt am Stängel (untere gestielt)

ganze Pflanze dicht abstehend behaart

Stängel kantig, unterhalb der Blattansätze geflügelt

Seit der Antike ist der Beinwell als Heilpflanze bekannt. Sein wissenschaftlicher Gattungsname *Symphythum* bedeutet „zusammenwachsen" und weist auf die hauptsächliche Anwendung der Pflanze hin: Traditionell wird sie zur Unterstützung der Wundheilung, bei Prellungen und sogar bei Knochenbrüchen eingesetzt. Nach neueren Erkenntnissen enthält die Pflanze jedoch auch Alkaloide, die die Leber schädigen können, sodass nur noch eine äußere Anwendung empfohlen wird. ∎

Arznei-Baldrian

VALERIANA OFFICINALIS

Besonder auf feuchten Wiesen entlang von Bächen und Flüssen wächst diese stattliche Staude. Der Arznei-Baldrian bevorzugt sonnige, kalkreiche Standorte in milden Regionen.

kugeliger Blütenstand mit rosa bis weißen Blüten

5 Blütenblätter, Blüten zwittrig, duften angenehm süßlich

1 m große Pflanze mit kräftigem Stängel

Blätter gefiedert, Endfieder nicht vergrößert

Frucht mit fedrigen Haaren

Blätter gegenständig

Baldrian hat eine lange Geschichte als Heilmittel. Bei der Bestimmung ist jedoch der ähnliche, tödlich giftige Gefleckte Schierling auszuschließen. Auszüge aus den getrockneten Wurzeln, die berühmten Baldriantropfen, haben eine beruhigende und schlaffördernde Wirkung. Auf Katzen wirken Baldrianwurzeln hingegen kein bisschen beruhigend. Der Geruch der getrockneten Wurzeln, der Menschen an Schweißfüße erinnert, führt bei Katzen zu geradezu euphorischen Zuständen. ∎

Gewöhnlicher Blutweiderich

LYTHRUM SALICARIA

Die ausdauernde Staude mag es nass, oft steht
sie sogar im flachen Wasser im Uferbereich zwischen
Seggen oder im Schilf. Die Samen schwimmen und
haften an Wasservögeln und werden so verbreitet.

6 Blütenblätter

4-kantiger
Stängel

3 Typen von
Blüten mit unterschied-
lich langen Staubblättern
und Griffeln

lange
Blütenrispe,
daran Blüten
in Quirlen

Blätter
lanzettlich

Beim Blutweiderich kann man drei Typen von
Blüten unterscheiden: Sie haben unterschiedlich
lange Griffel und Staubblätter, die jeweils in drei
Stufen lang, mittel und kurz vorkommen. Unter
den 12 Staubblättern einer Blüte sind immer
sechs kürzere und sechs längere und der Griffel
ist jeweils von der dritten Längenstufe. Sind die
Staubblätter lang und mittellang, so ist der Griffel kurz und so weiter. Da eine Befruchtung nur
stattfindet, wenn Pollen von einem Staubblatt
auf eine Blüte mit einem Griffel gleicher Länge
übertragen werden, ist eine Selbstbefruchtung
ausgeschlossen. ■

Acker-Kratzdistel

CIRSIUM ARVENSE

Acker-Kratzdisteln wachsen auf nährstoffreichen
Böden und bilden mit ihren bis 3 m tief im Boden
liegenden Ausläuferwurzeln große Bestände
in Äckern oder an Wegrändern.

kleine, lila
Blütenkörbchen

Hüllblätter
anliegend

Stängel kahl
ohne Stacheln

Blätter
mit Stacheln,
oft gewellt

Die Blütenköpfchen bestehen wie bei allen Korbblütlern aus hunderten kleiner, röhrenförmiger Einzelblüten. Meist sind die Blüten zwittrig, es treten jedoch
auch rein weibliche Pflanzen auf. Der Nektar steigt
in den Blütenröhren nach oben und ist für Insekten
daher leicht zugänglich. Die Blüten verströmen einen
dezenten süßlichen, honigartigen Geruch. Für Tagfalter,
Wildbienen und Schwebfliegen ist die Acker-Kratz-
distel eine wichtige Nahrungspflanze. ■

Wiesen-Flockenblume

CENTAUREA JACEA

Die Wiesen-Flockenblume wächst verbreitet in mäßig nährstoffreichen Wiesen und verträgt zwei Mahdtermine im Jahr, solange
sie dazwischen Zeit für die Ausbildung von Samen hat.

Blütenkörbchen bis 4 cm
breit, äußere Röhrenblüten
stark vergrößert und steril

Hüllblätter der Blütenkörbe
mit charakteristischem
rundlichen Anhängsel

obere Blätter
wechselständig,
lanzettlich

Wiesen-Flockenblumen blühen
über einen langen Zeitraum
vom Hochsommer bis in den Vollherbst. Mit ihrem reichen Angebot
an Nektar sind sie in dieser Zeit eine
wichtige Nahrungsquelle für Wildbienen
und zahlreiche Tagfalterarten. Bei der
Landung einer Biene auf der Blüte werden
die Röhrenblüten nach unten geschoben,
wodurch ein Mechanismus ausgelöst wird,
der den gelben Pollen nach oben schiebt
und an die Biene heftet. ∎

Orangerotes Habichtskraut

HIERACIUM AURANTIACUM

Ursprünglich eine Pflanze der Alpen, wird sie wegen ihrer hübschen, orangen Blüten seit Langem in Gärten gepflanzt, ist von dort verwildert und auf Wiesen und an Wegböschungen zu finden.

bis 12 orangerote Blütenkörbe in dolden-artigem Blütenstand

Hüllblätter schwarz behaart

behaarter Stängel mit wenigen Blättern

Stängel sprießt aus Blattrosette am Boden

verbreitet sich durch Ausläufer

In Mitteleuropa gibt es eine verwirrende Vielzahl von Habichtskrautarten, die selbst von erfahrenden Botanikern oft nicht unterschieden werden können. An seiner Blütenfarbe ist das Orangerote Habichts-kraut jedoch sicher zu erkennen. In Nord-amerika, Australien und Neuseeland ist es ebenfalls aus Gärten verwildert und verdrängt dort in manchen Regionen die einheimischen Pflanzen, weswegen es intensiv bekämpft wird. ■

Herbstzeitlose

COLCHICUM AUTUMNALE

Wenn im Frühherbst die Blütenpracht des Sommers verwelkt ist, erscheinen wie in einem zweiten Frühling die krokusartigen, schlanken, blasslila Blüten der hochgiftigen Herbstzeitlosen.

6 Blütenblätter

6 orangefarbene Staubblätter

lange Blütenröhre, zur Blütezeit ohne Blätter

Blätter und Früchte erscheinen im Frühjahr

Bei der Herbstzeitlosen sind Blätter und Blüten nie zur gleichen Zeit zu sehen, denn die Blätter erscheinen im Frühsommer zusammen mit den unreifen Kapselfrüchten und sind längst wieder verschwunden, wenn die Blütezeit beginnt. Die Herbstzeitlose gehört zu den giftigsten einheimischen Pflanzen. Der Wirkstoff Colchicin befindet sich in allen Pflanzenteilen, wird allerdings auch in medizinischen Anwendungen, zum Beispiel bei der Behandlung von Gicht, eingesetzt. ■

Hohler Lerchensporn

CORYDALIS CAVA

Die purpurnen oder weißen Blüten des Hohlen Lerchensporns erscheinen bereits im Erstfrühling in Laubwäldern, bevor die Bäume mit ihren Blättern den Boden beschatten.

Blüten in Trauben
mit 10–20 Blüten

Samen mit
fetthaltigem
Anhängsel
(Elaiosom)

Blüten 2-seitig
symmetrisch
mit langem Sporn

Blätter mit
glattem Rand, doppelt
3-teilig, blaugrün

Die runden Samen reifen in Kapseln heran und tragen ein weißes, fettreiches Anhängsel, das Elaiosom genannt wird. Es lockt Ameisen an, die die Samen in ihren Bau tragen und das Elaiosom an ihre Larven verfüttern. Der eigentliche Samen wird nicht gefressen und meist wieder aus dem Nest getragen. Nun kann er keimen und zu einer neuen Pflanze heranwachsen. So sorgen Ameisen für die Verbreitung des Lerchensporns. Die Pflanze enthält für Menschen giftige Alkaloide. ■

Stängel
dünn
und glatt

Dornige Hauhechel

ONONIS SPINOSA

Die Dornige Hauhechel ist besonders in Regionen mit kalkreichem Boden häufig und wächst dort in nährstoffarmen Wiesen und an Wegrändern.

Blätter deutlich länger als breit

Stängel mit Reihen von Haaren

rosa Schmetterlingsblüten 1–2 cm lang

Stängel zumindest unten mit Dornen und verholzt

Die Dornige Hauhechel war in früheren Jahrhunderten ein verhasstes Unkraut in der Landwirtschaft, wovon noch einige volkstümliche Namen zeugen. So wird sie auch Ochsenbrech genannt, da sich der Pflug in den kräftigen Pfahlwurzeln verhakte, und die Bezeichnung Weiberkrieg soll darauf zurückgehen, dass die dornige Pflanze die Säume der Röcke zerriss. Vom Vieh wurde die stachelige Dornige Hauhechel gemieden und war auch daher unbeliebt. ■

Wiesenklee, Rotklee

TRIFOLIUM PRATENSE

Der Wiesen- oder Rotklee ist auf Wiesen und Weiden eine ausgesprochen häufige Pflanze. Zur Anreicherung von Stickstoff
wird er auch als Zwischenfrucht auf Äckern angebaut.

obere Blätter
umhüllen Blüten-
köpfchen

Blütenköpfchen meist
zu zweit, kugelig, aus vielen
1 cm langen Blüten

Stängel kantig
und kahl

Knöllchen-
bildung an
den Wurzeln

Blätter 3-teilig mit weißem,
v-förmigem Abzeichen

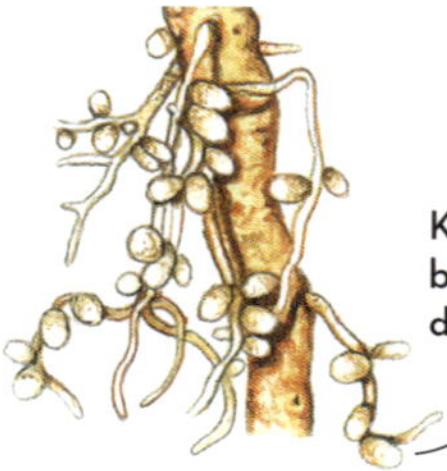

Wie viele Pflanzen aus der Familie der Hülsenfrüchtler
lebt auch der Wiesenklee in enger Gemeinschaft mit
speziellen Bakterien, den Rhizobien oder
Knöllchenbakterien. Diese Bakterien dringen über die
Wurzelhaare in die Wurzel ein und lösen bei der Pflanze die Bildung kleiner Knollen aus, in denen sie optima-
le Lebensbedingungen vorfinden und von der Pflanze
mit Nährstoffen versorgt werden. Im Gegenzug bilden
sie aus molekularem Stickstoff aus der Luft das für
Pflanzen nutzbare Ammoniak und ermöglichen so das
Wachstum auch in nährstoffarmen Böden. ■

Drüsiges Springkraut

IMPATIENS GLANDULIFERA

Das Drüsige Springkraut stammt aus dem Himalaya und wurde Anfang des 19. Jahrhunderts als Zierpflanze nach Europa eingeführt, wo es schnell verwilderte und sich entlang von Flüssen ausbreitete.

reife Fruchtkapsel platzt auf und schleudert die Samen weg

reife Fruchtkapsel keulenförmig

bis 4 cm große, rosa Blüten

Blätter gezähnt

Blattstiele mit rötlichen Drüsen

Stängel gefurcht

Das einjährige Drüsige Springkraut wächst in jedem Jahr neu aus Samen auf eine Höhe von bis 2 m und benötigt für seinen spektakulär schnellen Wuchs nährstoffreiche Böden. Die natürliche Vegetation wird dabei schnell überwachsen und verdrängt, weswegen es vielerorts als invasiver Neophyt eingeschätzt und bekämpft wird. Die reifen Fruchtkapseln springen bei leichter Berührung auf und schleudern die Samen mehrere Meter weit. ■

Purpurrote Taubnessel

LAMIUM PURPUREUM

An Wegrändern, in Gebüschen und Gärten fallen die meist
in Gruppen wachsenden Purpurroten Taubnesseln
durch ihre rötlich überlaufenen Blätter auf.

Blattrand
gesägt

Blüten
in Quirlen

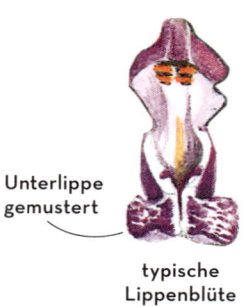

Unterlippe
gemustert

typische
Lippenblüte

Kelch mit
5 Spitzen

Die Purpurrote Taubnessel beginnt
schon im Erstfrühling zu blühen und ist
daher eine wichtige Nektarpflanze für
Hummelköniginnen nach der Winterruhe. Die
Entwicklung benötigt nur wenige Wochen von der
Keimung bis zur Samenbildung und so können sich
über den Sommer bis zu vier aufeinanderfolgende
Generationen bilden. Bei günstiger Witterung können
die Pflanzen bis in den Winter hinein blühen. ■

Stängel
4-kantig

Gewöhnlicher Dost

ORIGANUM VULGARE

Der Gewöhnliche Dost ist eine wärmeliebende Pflanze und wächst bevorzugt auf trockenen, nährstoffarmen Wiesen auf kalkreichen Böden, besonders im südlichen Mitteleuropa.

Staubblätter ragen
aus der Blüte heraus

Blüten rosa
bis weiß in
lockeren Rispen

untere Lippe
3-teilig

Blätter
eiförmig,
glatt,
am Rand
behaart

Stängel behaart
und rötlich

Die Pflanze ist reich an ätherischen Ölen, die sie zu einem beliebten Gewürz in der mediterranen Küche machen. Auf der Blattunterseite sind die Drüsen, aus denen das Öl austritt, als Punkte erkennbar. Die in Mitteleuropa wachsende Unterart *vulgare* ist dabei recht mild, am intensivsten und beliebtesten in der Küche ist der Griechische Dost der Unterart *hirtum*, der an seinen weißen Blüten und behaarten Blättern erkennbar ist. ■

Roter Fingerhut

DIGITALIS PURPUREA

Im Hochsommer stehen die hohen Blütenstände des sehr giftigen Roten Fingerhuts wie Kerzen im Wald auf Lichtungen, an Wegrändern und an Säumen auf sauren, humusreichen Böden.

Blüten zu einer Seite zum Licht ausgerichtet

große, hell purpurrote Blüten, Blütenschlund mit roten, weiß umrandeten Flecken

An den langen Blütenständen öffnet sich oben täglich eine neue Blüte und die unterste verwelkt. Die oberen jungen Blüten sind zunächst männlich und werden erst kurz vor dem Verblühen weiblich, wenn sie in der Reihe der geöffneten Blüten am unteren Ende ankommen. Da die unteren ältesten Blüten am meisten Nektar produzieren besuchen Hummeln zunächst die unteren weiblichen Blüten und gelangen erst danach zu den darüber liegenden männlichen. So vermeidet der Rote Fingerhut geschickt Selbstbestäubung. ■

große, runzlige, behaarte Blätter, Rand gekerbt

Breitblättriges Knabenkraut

DACTYLORHIZA MAJALIS — GESCHÜTZT

Das Breitblättrige Knabenkraut stellt hohe Anforderungen an seinen Standort und wächst nur in feuchten, nährstoffarmen Wiesen, die höchstens einmal im Jahr nach der Fruchtreife im Sommer gemäht werden.

Ähre mit 7–40 magentafarbenen Blüten

Unterlippe 3-teilig und gemustert

fingerartige Knollen sind namensgebend (dactylus = Finger)

glatte, braun gefleckte Blätter, höchstens 4-mal so lang wie breit

Blattbasis umschließt den Stängel

Wie viele andere Orchideen wächst das Breitblättrige Knabenkraut in enger Gemeinschaft mit Mykorrhiza-Pilzen. Die winzigen Samen des Knabenkrauts besitzen kein Nährgewebe und sind daher so leicht, dass sie mit dem Wind über große Entfernungen verbreitet werden können. Für die Keimung benötigen sie die Unterstützung von Mykorrhiza-Pilzen im Boden, die das fehlende Nährgewebe ersetzen und den Keimling mit Nährstoffen versorgen. ■

Gewöhnliche Knoblauchsrauke

ALLIARIA PETIOLATA

Die Gewöhnliche Knoblauchsrauke wächst im Halbschatten in Wäldern, Gebüschen und Gärten immer an Stellen mit sehr nährstoffreichem Boden und wird als Wildgemüse geschätzt.

4 Blütenblätter, Blüten dicht gedrängt an der Spitze

Schotenfrüchte mit schwarzen Samen

Blätter gestielt, herz- oder nierenförmig, am Rand eingebuchtet

Stängel aufrecht und gerade

Die Wurzeln sondern chemische Verbindungen in den Boden ab, die das Wachstum von Mykorrhiza-Pilzen hemmen und dadurch auch den Aufwuchs vieler Gehölze unterbinden, die für ihr Wachstum auf die Pilze angewiesen sind. So kann sich die Knoblauchsrauke im Wald behaupten und teils große Bestände ausbilden. Die Blätter riechen und schmecken dezent nach Knoblauch und eignen sich jung als Wildgemüse. Der Geschmack geht allerdings beim Kochen verloren und die Pflanze sollte daher nur roh zum Beispiel in Salat oder Quark verwendet werden. ■

Acker-Schmalwand

ARABIDOPSIS THALIANA

Auf sandigen Äckern und selbst zwischen Gehwegplatten wachsen die unscheinbaren Blattrosetten, aus denen die zarten Stängel mit kleinen, trichterförmigen, weißen Blüten sprießen.

kleine, weiße
Blüten mit
4 Blütenblättern

Schotenfrucht
5–20 mm lang,
beide Klappen
gewölbt

Die Acker-Schmalwand ist das liebste Studienobjekt der Botaniker und besser erforscht als jede andere Pflanzenart. Ihr relativ kleines Erbgut ist auf nur fünf Chromosomenpaare verteilt und war im Jahr 2000 das erste einer Pflanze, das vollständig entschlüsselt wurde. Wegen ihrer sehr kurzen Entwicklungszeit von nur acht Wochen von der Samenkeimung bis zu den reifen Samen in den langen Schoten und ihrer geringen Größe ist sie in Forschungslaboren der ideale Modellorganismus. ■

Blattrosette
mit ungeteilten,
behaarten Blättern

Frühlings-Hungerblümchen

DRABA VERNA

Der unscheinbare, aber sehr häufige Winzling unter den einheimischen
Blumen blüht sehr früh im Vor- und Erstfrühling in oft großen Gruppen
an Wegrändern und auf Schuttflächen.

**4 bis zur Mitte
gespaltene
Blütenblätter**

**Stängel
ohne Blätter**

**Schote mit vielen
Samen und heller
Scheidewand**

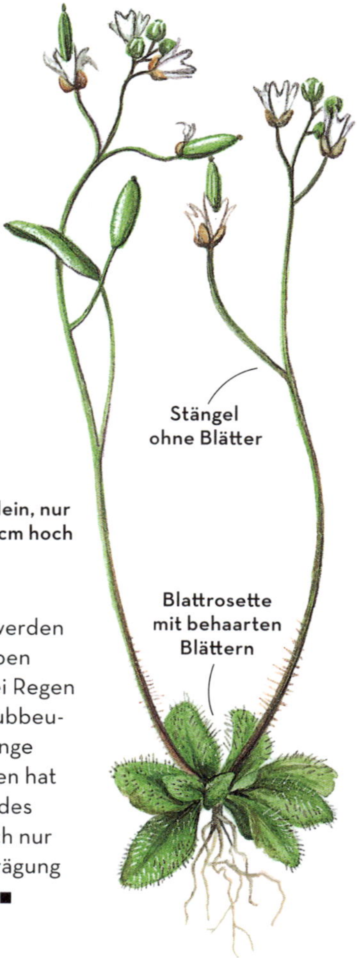

**klein, nur
bis 15 cm hoch**

**Blattrosette
mit behaarten
Blättern**

Die kleinen Blüten des Hungerblümchens werden
von Bienen besucht, aber meistens bestäuben
sich die Blüten selbst, wenn nachts oder bei Regen
die Blütenblätter hochklappen und die Staubbeutel an die Narbe drücken. Der dadurch geringe
genetische Austausch zwischen den Pflanzen hat
viele sehr ähnliche, sogenannte Kleinarten des
Hungerblümchens entstehen lassen, die sich nur
in winzigen Details wie der Form und Ausprägung
der Haare auf den Blättern unterscheiden. ■

Gewöhnliches Hirtentäschel

CAPSELLA BURSA-PASTORIS

Das Gewöhnliche Hirtentäschel hat keine festgelegte Blühzeit und kann bei geeigneter Witterung ganzjährig in blühendem Zustand auftreten. Es wächst an Wegen, in Gärten, auf Äckern und Brachflächen.

typische 3-eckige Früchte

Blätter am Stängel pfeilförmig und stängelumfassend

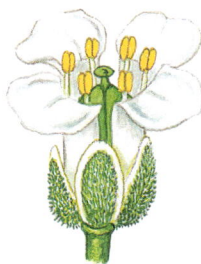

winzige Blüten mit 4 Blütenblättern und 6 Staubblättern

Blattrosette mit gesägten Blättern

Die Samen geben im Boden Botenstoffe ab, die Fadenwürmer und verschiedene andere Bodenlebewesen anlocken. Gleichzeitig wird von den Samen auch ein Gift abgesondert, das die angelockten Fadenwürmer abtötet. Die dadurch zusätzlich für die Pflanze verfügbaren Nährstoffe helfen ihr offenbar besonders auf nährstoffarmen Standorten bei der Keimung. Das Hirtentäschel stellt somit eine Vorform einer fleischfressenden Pflanze dar. ■

Gewöhnliches Hexenkraut

CIRCAEA LUTETIANA

Tief im Schatten von Laubwäldern wachsen an nährstoffreichen, kalkhaltigen Standorten die geraden, aufrechten
Stängel des Gewöhnlichen Hexenkrauts.

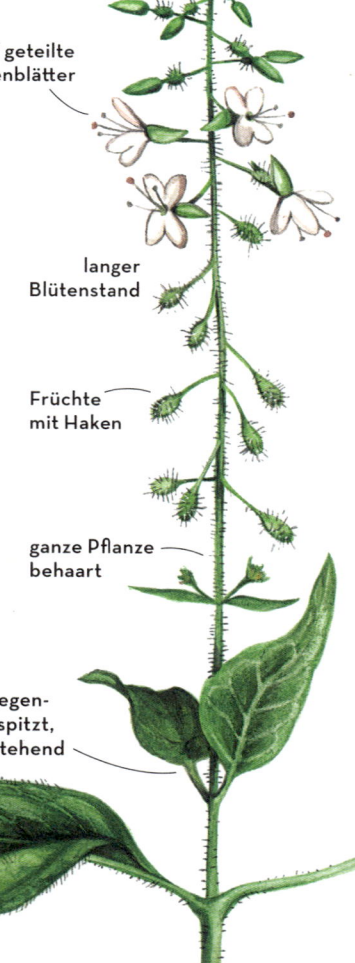

2 tief geteilte
Blütenblätter

Die kleinen Früchte haben an ihrer Ober-
fläche Haken, die sich im Fell von Säugetieren verhaken und so verbreitet werden. Allerdings spielt die Ausbreitung
über Samen eine geringe Rolle bei der
Vermehrung der Pflanze. Viel wichtiger
ist die Bildung von unterirdischen, sich
verzweigenden Ausläufern. Wenn die
Mutterpflanze im Herbst abstirbt, bricht
die Verbindung zu den Spitzen der
Ausläufer ab und diese überwintern
und treiben im kommenden Frühjahr
zu neuen Pflanzen aus. ■

langer
Blütenstand

Früchte
mit Haken

ganze Pflanze
behaart

Blätter kreuzweise gegen-
ständig eiförmig zugespitzt,
seitlich abstehend

Waldmeister

GALIUM ODORATUM

Der Waldmeister ist eng an Buchenwälder auf leicht kalkhaltigen Böden gebunden und ist dort so charakteristisch, dass nach ihm der Lebensraum-Typ Waldmeister-Buchenwald benannt ist.

Scheindolde mit kleinen Blüten

4 weiße, spitze Blütenblätter, 4 Staubblätter

regelmäßige Quirle aus 6–8 Blättern, Blattränder rau mit kleinen Zähnchen

Früchte mit Widerhaken

4-kantiger Stängel, glatt, unverzweigt

Beim Trocknen der Blätter entfalten diese einen aromatischen Duft, der vom dabei entstehenden Cumarin stammt. Schon die Wikinger würzten mit getrocknetem Waldmeister ihr Bier, was auch in Deutschland verbreitet war und erst mit dem Reinheitsgebot von 1516 endete. Eine lange Tradition hat Waldmeister auch als Zutat in der Maibowle. Allerdings muss das Kraut dabei genau dosiert werden, denn sonst wirkt es giftig und führt zu Kopfschmerzen, Schwindel und Übelkeit, sehr stark überdosiert auch zu Atemlähmung und Koma. ∎

Gewöhnliches Klettenlabkraut

GALIUM APARINE

Das Klettenlabkraut wächst sehr verbreitet auf nährstoffreichen, lehmigen Böden, häufig in Gärten und auf Äckern, wo es ein gefürchtetes Unkraut ist.

Stängel 4-kantig mit
hakigen Borsten

Blütenstände
entspringen aus
den Blattwinkeln

Früchte mit
Widerhaken

sehr kleine Blüten mit
4 Blütenblättern
und bauchigem Kelch

Blätter in Quirlen

Streicht man den Stängel mit den Fingern entlang, so ist dies zur Wurzel hin mühelos möglich. In die Gegenrichtung jedoch verhakt man sich in unzähligen stacheligen, rückwärts gerichteten Borsten. Auch die Blätter und Früchte sind mit Haken bedeckt. Bei Berührung scheint die ganze Pflanze an einem zu kleben. Mit den Haken klammert sie sich an benachbarten Pflanzen fest und kann auf diese Weise trotz des weichen Stängels weit in die Höhe ranken. Die Verbreitung erfolgt über die Samen, die am Fell von Säugetieren oder an der Kleidung von Menschen haften. ■

Vogelmiere, Hühnerdarm

STELLARIA MEDIA

Auf nährstoffreichen, offenen Böden in Gärten und auf Äckern kann sich die Vogelmiere schnell vermehren und bildet dichte Rasen, die den Boden vor Austrocknung und Erosion schützen.

5 Blütenblätter fast bis zum Grund geteilt, daher scheinbar 10 Blütenblätter, 5 Kelchblätter fast so lang wie Blütenblätter

Blätter eiförmig, gegenständig

Stängel rund, Haare laufen in Linie den Stängel hinab

Die Vogelmiere ersetzt Uhr und Wetterstation. Die Blüten öffnen sich gegen 9 Uhr vormittags und blühen bis in den Nachmittag, aber nur bei trockenem Wetter. Auch die Blätter wechseln ihre Stellung zwischen Tag und Nacht. Die Pflanze entwickelt sich bei günstigen Bedingungen sehr schnell. Von der Keimung bis zur Bildung der Früchte vergehen nur wenige Wochen. Die Samen sind ein beliebtes Futter bei Haussperlingen und anderen Vögeln. ∎

Große Sternmiere

STELLARIA HOLOSTEA

Vor dem Blattaustrieb der Laubbäume öffnen sich in Wäldern und Gebüschen die großen, weißen Blüten der oft in Gruppen wachsenden Großen Sternmiere.

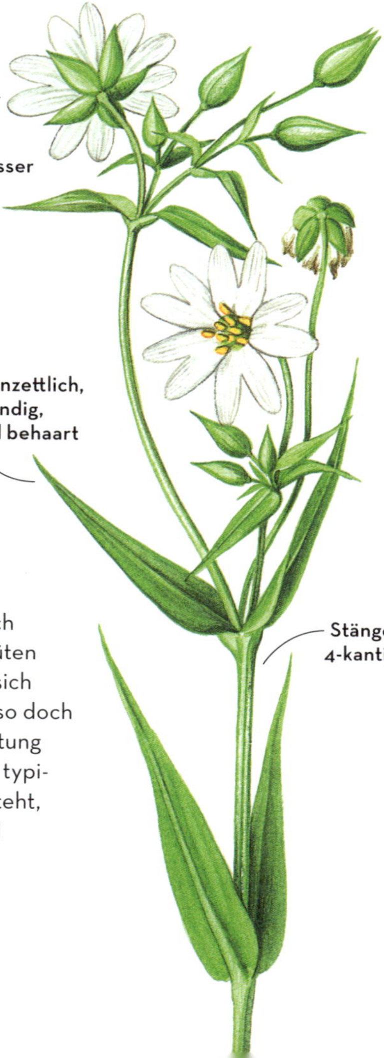

5 Blütenblätter bis
zur Mitte geteilt,
Blüte 2–3 cm Durchmesser

Blätter lanzettlich,
gegenständig,
Blattrand behaart

Ihr Stängel ist recht dünn, zerbrechlich und weich und vermag die großen Blüten scheinbar kaum zu tragen. Sie stützt sich daher an Nachbarpflanzen und kann so doch bis 60 cm hoch wachsen. Die Verbreitung erfolgt durch Ausläufer, wodurch der typische Wuchs in kleinen Gruppen entsteht, aber auch über Samen, die vom Wind verbreitet werden. ■

Stängel
4-kantig

Taubenkropf-Leimkraut

SILENE VULGARIS

Das Taubenkropf-Leimkraut wächst als eine der ersten Arten auf neu entstandenen, nährstoffarmen Rohböden, auf Bahntrassen, Schuttflächen und Brachflächen.

5 Blütenblätter tief gespalten, Griffel und Staubblätter ragen heraus

Kelch aufgeblasen mit rötlichem Muster und 20 Nerven

Blätter spitz, gegenständig und ohne Stiel

Eine Form des Taubenkropf-Leimkrauts zeigt eine bemerkenswerte Toleranz gegenüber Schwermetallen im Boden, besonders gegen Kupfer, Eisen und Zink, und wächst zum Beispiel auf den Abraumhalden von Erzminen. Die Schwermetalle, die normalerweise das Wurzelwachstum und die Photosynthese hemmen, werden bei diesen Pflanzen unschädlich in den Wänden der Zellen eingelagert und von den Wurzeln teilweise auch aktiv aus den Zellen gepumpt. So bleiben die empfindlichen Chloroplasten als Orte der Photosynthese funktionsfähig. ∎

Echtes Mädesüß

FILIPENDULA ULMARIA

Das angenehm süßlich duftende Echte Mädesüß gedeiht an Bachufern und in feuchten Wiesen und überragt seine Nachbarpflanzen mit kräftigen, langen Stängeln und üppigen Blüten.

Blüten
in dichten
Spirren

cremeweiße Blüte
mit 5 Blütenblättern
und vielen langen
Staubblättern

abwechselnd
große und kleine
Fiederblättchen

große,
geteilte Blätter

kräftiger,
rötlicher Stängel

spiralförmige
Frucht

Der süßliche Duft überträgt sich auf Speisen und Getränke und wird zum Aromatisieren von Honigwein oder Met verwendet, worauf wohl auch der Name zurückgeht (Metsüße). Auch französische Sterneköche schätzen das Aroma zum Beispiel im Mädesüß-Sorbet. Außerdem ist das Echte Mädesüß eine alte Heilpflanze und enthält die dem Wirkstoff des Aspirin ähnliche Salicylsäure. Die Blätter und Blüten werden als Tee zur Behandlung von Erkältungen und Gelenkschmerzen verwendet. ■

Walderdbeere

FRAGARIA VESCA

Die kleine Walderdbeere wächst unscheinbar
am Waldboden an humusreichen, nährstoffreichen Standorten, die nicht zu schattig sind.
Ihre Blätter sind auch im Winter grün.

Blätter
3-teilig,
Blattrand
gesägt

kleine, blassrote
Früchte mit
abstehenden
Kelchblättern

5 weiße, runde
Blütenblätter

Die kleinen, süßen, roten Früchte schmecken
nicht nur Menschen, sondern werden von ver-
schiedensten Säugetieren und auch von Ameisen
gefressen. Die kleinen Samen durchwandern
dabei den Verdauungstrakt unbeschadet und
werden so verbreitet. Die Walderdbeere wird
seit Jahrhunderten kultiviert, wurde jedoch
im 19. Jahrhundert von der Gartenerdbeere
weitgehend aus dem Anbau verdrängt. Die Gartenerdbeere produziert viel größere Früchte
und entstand aus der Kreuzung zweier nordame-
rikanischer Erdbeerarten, der Chile-Erdbeere
(*Fragaria chiloensis*) und der Scharlach-Erdbeere
(*Fragaria virginiana*) entstanden ist. ■

Stängel
behaart

Verbreitung durch
oberirdische Ausläufer

Waldsauerklee

OXALIS ACETOSELLA

Der Waldsauerklee wächst tief im Schatten des Waldes, selbst dort, wo weniger als ein Prozent des Sonnenlichts auf dem Boden ankommt und keine andere Blume wachsen kann.

5 weiße Blütenblätter mit rosa Adern

Stängel rötlich mit je einer Blüte am Ende

Blätter 3-teilig wie Kleeblätter, können nach unten geklappt werden

Am Stielansatz der Blätter befinden sich Gelenke, mit denen die Pflanze die Stellung ihrer Blätter steuern kann. Tagsüber sind sie waagerecht ausgebreitet wie bei einem Kleeblatt. Bei zu starker Sonneneinstrahlung, nachts, bei tiefen Temperaturen oder bei Erschütterung der Pflanze sinkt der Zelldruck an den Gelenken und die Blätter klappen regenschirmartig zusammen, wobei sich die Blattunterseiten berühren. Die Blätter werden als Wildgemüse gegessen, sind aber wegen der enthaltenen Oxalsäure in größerer Menge giftig. ∎

Wiesenkerbel

ANTHRISCUS SYLVESTRIS

Der Wiesenkerbel blüht – früher als andere Doldenblütler –
bereits ab April als eine häufige und charakteristische Art
in überdüngten Wiesen und an Wegrändern.

Blüten
in Dolden

Einzelblüte
mit 5 Blüten-
blättern
und langen
Staubblättern

Hüllchen mit
4 – 8 Blättchen

2-teilige, längliche,
dunkle Frucht

Blätter gefiedert,
3-eckig, unterstes
Fiederblatt kleiner
als die anderen

Stängel
tief gefurcht,
hohl, grün
ohne Flecken

Die kurzen Stiele der Blüten treffen
sich in einem Punkt und sind so zu einem
Döldchen zusammengefasst, dessen Stiel
wiederum mit denen der anderen Döldchen
in einem Punkt am Stängel zusammentrifft.
Diese Form des Blütenstandes ist typisch und
namensgebend für die Familie der Doldenblütler.
Berührt man die Pflanze, kann die Haut im Sonnenlicht
allergisch reagieren. In den Wurzeln bildet der Wiesenkerbel Stoffe, die für Insekten tödlich sind und die
Pflanze so eventuell vor Fraß schützen. ■

Gewöhnlicher Giersch

AEGOPODIUM PODAGRARIA

Ursprünglich eine Waldpflanze, hat der Gewöhnliche Giersch in Parks und Gärten eine zweite Heimat gefunden und gilt dort wegen der schnellen Vermehrung über Ausläufer als Unkraut.

Blüten in Dolden

Stängel kahl und gefurcht

verbreitet sich durch Ausläufer

Blätter 2-fach 3-teilig, Blättchen gesägt und spitz

Von vielen Gartenbesitzern wird der Gewöhnliche Giersch erbittert bekämpft, oft mit wenig Erfolg. Werden die oberen Pflanzenteile abgeschnitten oder ausgerissen, so treiben aus den verzweigten Ausläufern im Boden immer wieder neue Pflanzen aus, und selbst wenn die Wurzeln aus dem Boden gesiebt werden, so verbleiben immer noch die Samen, die mehrere Jahre keimfähig sind. Über die Ausläufer können benachbarte Pflanzen sich auch gegenseitig mit Nährstoffen versorgen, um zum Beispiel Beschattung auszugleichen. ■

Wilde Möhre

DAUCUS CAROTA

Die Stammform der Kulturmöhre wächst auf trockenen Wiesen, an Wegrändern und in Brachflächen. Sie öffnet ihre Blüten im Hochsommer. Zur Fruchtreife neigt sich die Dolde nestartig zur Mitte.

rötlich schwarze Blüte in der Doldenmitte

Dolde schirmartig flach mit dicht stehenden, kleinen Blüten

gefiederte Hüllblätter

Stängel behaart

nestartiger Fruchtstand

Die rot-schwarze Blüte in der Doldenmitte soll ein Insekt imitieren und andere Bestäuber anlocken. Besonders Käfer und Fliegen besuchen die Blüte wegen des leicht zugänglichen Nektars gerne. Für die Raupe des Schwalbenschwanzes ist die Wilde Möhre die wichtigste Nahrungspflanze und auch zwei Arten von Sandbienen sind auf den Blütenpollen angewiesen. Die Wurzel der Wilden Möhre ist im Gegensatz zur Kulturmöhre weiß, aber ebenfalls essbar. ■

Gewöhnliche Zaunwinde

CALYSTEGIA SEPIUM

Die größten Blüten aller einheimischen Blumen leuchten
an Rändern von Auwäldern, in Hecken und an Zäunen,
an denen die Pflanze windend emporklettert.

große, reinweiße
Trichterblüten

eiförmige
Hüllblätter

pfeilförmige Blätter
mit kurzen Blattstielen

rankender
Wuchs

Der jeden Sommer aus Südeuropa einfliegende Winden-
schwärmer (*Agrius convolvuli*), ein Nachtfalter mit besonders langem Rüssel, ist auf die Blüten der Zaunwinde und
anderer Trichterblüten spezialisiert. Er kann die tief am
Blütenboden sitzenden Nektardrüsen erreichen, die für
die meisten Insekten nicht zugänglich sind. Auch die Raupen des Falters fressen an der Pflanze, entwickeln sich in
Mitteleuropa jedoch selten erfolgreich, da sie kälteemp-
findlich sind. ∎

Buschwindröschen

ANEMONE NEMOROSA

Zum Beginn des Erstfrühlings öffnen sich die Blüten des Busch-
windröschens und verwandeln den Boden von Laubwäldern
in ein weißes Blütenmeer.

6 – 8 Blüten-
blätter,
Unterseite rosa
überhaucht,
Blüten ohne
Kelchblätter

gelbe
Staubbeutel

meist 3 tief
3-teilige Blätter

Stängel glatt
und rötlich

Buschwindröschen bilden schon im Herbst die Anlagen für die Blätter und Blüten des nächsten Jahres und speichern in ihren Wurzelstöcken die nötige Ener-
gie für das schnelle Wachstum im Erstfrühling. So können sie die kurze Zeit, in
der im Frühjahr im unbelaubten Wald Sonnenlicht auf den Boden fällt, optimal
nutzen. Schon im Juni sind die Früchte gebildet. Danach ziehen sich die oberirdischen Teile ganz zurück und die Pflanze ruht bis zum nächsten Jahr. ■

Gänseblümchen

BELLIS PERENNIS

Keine Rasenfläche ohne die Blüten der lichtliebenden Gänseblümchen. Erst der regelmäßige Schnitt durch den Rasenmäher, der die grundständige Blattrosette nicht erreicht, ermöglicht ihr das Wachstum zwischen den konkurrenzstarken Gräsern.

Früchte ohne Flughaare

gelbe Blüten-
körbchen mit weißen
Zungenblüten, zur
Spitze hin oft rosa

Stängel ohne
Blätter, behaart

spatelförmige Blätter
in Rosette am Boden

Die kleinen Blütenkörbchen erscheinen sehr früh im Jahr und auch in milden Wintern sind sie zu finden. Nachts und bei Regen richten sich die weißen Zungenblüten nach oben und umschließen schützend die gelben Röhrenblüten. Vormittags öffnen sich die Blüten und drehen sich auf den langen Stielen den Tag über dem Sonnenstand folgend. Nach kalten Nächten färben sich die weißen Zungenblüten pink. Der Farbstoff stellt offenbar einen Frostschutz dar. ■

Gewöhnliche Schafgarbe

ACHILLEA MILLEFOLIUM

Schafe fressen die Blätter, doch verschmähen die zähen Stängel und Blütenstände, die daher im Herbst auf Weiden auffällige Sträuße bilden.

winzige Korbblüten in Scheindolden

Blätter mehrfach fein gefiedert

Stängel dunkelgrün und gefurcht

Die Schafgarbe ist eine alte Heilpflanze, deren Wundheilungskraft der Legende nach vom griechischen Helden Achilles entdeckt wurde und sich auch in Kräuterbüchern des Mittelalters findet. Das Kraut findet vielfältige Anwendungen und wird unter anderem als Appetitanreger, zur Behandlung von Verdauungsbeschwerden und bei kleinen, oberflächlichen Wunden eingesetzt. ∎

Echte Kamille

MATRICARIA CHAMOMILLA

Die Echte Kamille ist als Kulturfolger des Menschen schon in vorgeschichtlicher Zeit mit dem Ackerbau nach Mitteleuropa eingewandert, wo sie besonders auf lehmigen Äckern verbreitet ist.

gelbes, gewölbtes
Blütenkörbchen,
weiße Zungenblüten
nach unten gebogen

Blütenboden
im Querschnitt hohl

Die Echte Kamille ist eine der bekanntesten Heilpflanzen und an ihrem aromatischen Duft und dem ausgehöhlten Blütenboden von einigen sehr ähnlichen, aber wirkungslosen Arten zu unterscheiden. Der Duft stammt von ätherischen Ölen, die in der ganzen Pflanze zu finden sind. In der Heilkunde werden die getrockneten Blüten oder das extrahierte Öl verwendet, das sich bei der Herstellung blau färbt. Die Anwendung ist vielfältig und reicht von Inhalationen bei Erkältungen über Tees bei Magen-Darm-Beschwerden bis zu äußeren Anwendungen zur Unterstützung der Wundheilung. ∎

Blätter fiederteilig mit linearen
Blättchen

Wiesen-Margerite

LEUCANTHEMUM VULGARE

Die großen, weißen Blüten sind vom Frühsommer bis in den Vollherbst prächtige Farbtupfer in Wiesen, auf Weiden, in Halbtrockenrasen und an Wegrändern.

Blüten einzeln, gelbe Röhrenblüten und 20–40 weiße Zungenblüten

Blätter ungeteilt, wechselständig, obere Blätter ohne Stiel

kantiger, behaarter Stängel

Umgangssprachlich werden die Blütenkörbe der Wiesen-Margerite einfach Blüten genannt, doch bei genauer Betrachtung sind die gelben Knöpfchen aus hunderten winziger gelber Röhrenblüten zusammengesetzt, von denen jede einzelne Staubblätter und Griffel besitzt. Nur am äußeren Rand bilden die winzigen Blüten jeweils ein einziges großes, weißes Blütenblatt, und man nennt diese daher Zungenblüten. Dieser Zusammenschluss zahlreicher winziger Blüten zu einem Körbchen ist typisch für die Korbblütler, eine der artenreichsten Pflanzenfamilien. ∎

Vielblütige Weißwurz

POLYGONATUM MULTIFLORUM

Die elegant gebogenen Stängel mit den lampion-
artigen, kleinen Blüten wachsen im Schatten
am Boden von krautreichen Laubwäldern
auf oft kalkhaltigem Grund.

Pflanze bildet
blaue Beeren

Blüten zu 2–6 in den
Blattachseln, weiße Röhrenblüten mit grüner Spitze

Blätter parallel-
nervig, 2-zeilig
angeordnet

Die Entwicklung verläuft langsam und erst sieben Jahre nach der Keimung
des Samens, häufig noch später, bildet die Pflanze die erste Blüte. Den Winter
überdauert die Vielblütige Weißwurz als länglicher, heller Wurzelstock, der
jedes Jahr an der Spitze neu austreibt. Die Spuren der letztjährigen Austriebe
bleiben als runde Narben mit feinen Punkten zurück, die an einen Siegelring
erinnern. Sie führte dazu, dass der giftigen Pflanze magische Kräfte zugesprochen wurden. Die ähnliche Wohlriechende Weißwurz (*Polygonatum odoratum*)
trägt daher vermutlich auch den Beinamen Salomonssiegel. ∎

Maiglöckchen

CONVALLARIA MAJALIS

An halbschattigen Stellen im Wald und in Gebüschen erscheinen im Vollfrühling die Blütentrauben der Maiglöckchen. Oft wachsen sie in großen Gruppen.

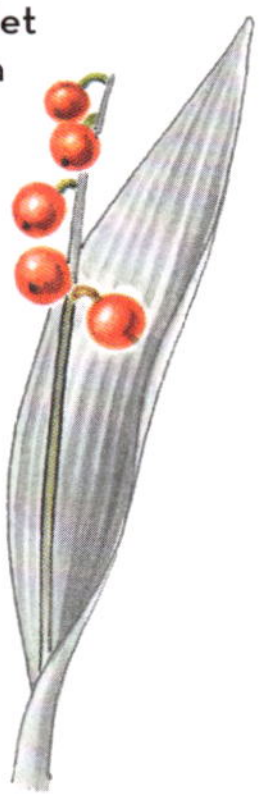

Pflanze bildet rote Beeren

glockenförmige Blüten mit zurückgebogenen Zipfeln in lockerer Traube

glatte, große, glänzende Blätter, parallelnervig, zugespitzt

häutige Hülle um Stängel

Die ganze Pflanze enthält stark giftige Saponine und Glykoside, was besonders wegen der Ähnlichkeit der Blätter zum essbaren Bärlauch gefährlich ist. Früher wurde die Pflanze in exakter Dosierung zur Behandlung von Herzkrankheiten eingesetzt, hat aber heutzutage keine medizinische Bedeutung mehr, da ähnliche Wirkstoffe aus dem Roten Fingerhut besser dosierbar und wirksamer sind. In früheren Jahrhunderten ließen sich berühmte Ärzte oft mit einem Maiglöckchen porträtieren und auch als Marienpflanze ist sie in der kirchlichen Malerei ein häufiges Motiv. ■

Bärlauch

ALLIUM URSINUM

In Au- und Buchenwäldern auf feuchtem, kalkhaltigen Untergrund bedecken die Blätter des Bärlauchs im Frühjahr oft den ganzen Waldboden und verströmen einen kräftigen Knoblauchgeruch.

**Dolde mit stern-
förmigen Blüten,
6 Blütenblätter**

**meist 2 deutlich
gestielte Blätter, Oberseite
glänzend, Unterseite matt**

**kräftiger
Blütenstiel**

**wächst aus
einer schmalen Zwiebel**

Der Bärlauch ist ein sehr beliebtes Wildgemüse und wird zum Beispiel zu Pesto oder Kräuterbutter verarbeitet oder in Brotteig eingebacken. Beim Sammeln ist allerdings unbedingt darauf zu achten, dass nicht die Blätter des ähnlichen, aber sehr giftigen Maiglöckchens (S. 67) oder der Herbstzeitlosen (S. 35) gepflückt werden. Die beste Zeit für die Suche nach den aromatischen Blättern ist im März und April bevor die Blüten erscheinen. ■

Kleines Schneeglöckchen

GALANTHUS NIVALIS — GESCHÜTZT

Die Blätter der Schneeglöckchen erscheinen als erste Frühlingsboten bereits im Januar. Wenn sich Anfang Februar die Blüten öffnen, beginnt offiziell der Vorfrühling.

Blüte entspringt aus Hochblatt

3 äußere lange und 3 kurze innere Blütenblätter mit grünen Spitzen

fleischige, blaugrüne Blätter mit heller Spitze

Ursprünglich waren Schneeglöckchen nur in Süddeutschland und im Mittelmeerraum verbreitet, wurden aber schon im 16. Jahrhundert überall in Gärten angepflanzt, aus denen sie bald verwilderten und so bis nach Norddeutschland gelangten. Sie gehören nach wie vor zu den beliebtesten Gartenpflanzen. In England ist die Zucht von Schneeglöckchen besonders populär und dort wurde der Begriff *Galantophile* für begeisterte Schneeglöckchengärtner geprägt. ∎

Märzenbecher

LEUCOJUM VERNUM — GESCHÜTZT

Zusammen mit den Schneeglöckchen erscheinen die Blüten des Märzenbechers bereits im Erstfrühling, wenn häufig noch Schnee liegt. Sie wachsen in feuchten Wäldern, in Flussauen oder in Hangwäldern.

glockenförmige Blüte aus
6 gleich langen Blütenblättern
mit gelbgrünen Spitzen

häutiges
Hochblatt

30 cm tief im Boden überdauern die Märzenbecher als 2 cm dicke Zwiebeln den Winter. In ihnen speichern die Pflanzen Nährstoffe für das Wachstum im zeitigen Frühjahr. So können sie früher als andere Pflanzenarten ihr Wachstum abschließen und ziehen sich bereits im Frühsommer zurück. Die Samen werden von Ameisen verbreitet und an günstigen Standorten können sich große Bestände ausbilden. Häufig werden Märzenbecher auch durch Gartenabfälle verbreitet. ■

Blätter bis
30 cm lang
2,5 cm breit,
grasgrün

Weißklee

TRIFOLIUM REPENS

Weißklee ist von den Salzwiesen der Nordseeküste bis in die Alpen in nährstoffreichen Wiesen und Weiden weit verbreitet und gehört zu den häufigsten Pflanzen in Mitteleuropa.

vielblütige Köpfchen an langen, kahlen Stielen

typische Schmetterlingsblüte

Blätter 3-teilig mit weißer Sichel auf Blattoberseite, Rand fein gezähnt

oberirdisch kriechende Ausläufer

trockenhäutige Nebenblätter

In den Blättern befinden sich cyanogene Glycoside, die bei Verletzungen mit einem Enzym in Kontakt kommen, welches sie in giftige Blausäure umwandelt und die Pflanze so vor Schneckenfraß schützt. Trotzdem ist Weißklee eine beliebte Futterpflanze für Weidetiere. Das dreiblättrige Kleeblatt des Weißklees ist das als *Shamrock* bekannte Nationalsymbol von Irland. Der heilige St. Patrick soll den Iren nach der Legende an ihm die Dreieinigkeit erklärt haben. Selten treten die als Glücksbringer geltenden vier- oder sogar fünfblättrigen Formen auf. ∎

Weiße Taubnessel

LAMIUM ALBUM

Die Weiße Taubnessel wächst typischerweise in Gruppen auf sehr nährstoffreichen Böden zum Beispiel an Komposthaufen, entlang von Gräben oder bei Misthaufen und Jauchegruben.

Blüten in Quirlen, Oberlippe helmförmig mit Haaren, Kelch mit langen Zipfeln

Stängel 4-kantig

Blätter gekreuzt gegenständig, Rand gesägt

Die Form und Anordnung der Blätter zeigen eine große Ähnlichkeit zur Brennnessel, mit der die Weiße Taubnessel jedoch nicht verwandt ist. Stängel und Blätter sind im Vergleich zur Brennnessel allerdings kahl und brennen bei Berührung nicht. Der Unterschied ist offensichtlich, wenn die großen, weißen Blüten erscheinen, die reichlich Nektar produzieren und eine wichtige Nahrungsquelle für Hummeln sind. Die jungen Blätter und Blüten sind ein beliebtes Wildgemüse. ■

Wiesen-Schaumkraut

CARDAMINE PRATENSIS

Das Wiesen-Schaumkraut ist eine charakteristische Pflanzenart auf feuchten Wiesen. Durch Entwässerung und Überdüngung ihres Lebensraums ist sie vielerorts selten geworden.

4 Blütenblätter blassviolett, rosa, manchmal weißlich, Blüten in lockerer Traube

dünne Schotenfrucht

Stängel rund und kahl

Stängelblätter tief eingeschnitten

An den Stängeln findet man oft Schaumballen, die von den Larven der Wiesen-Schaumzikade produziert werden. Diese schützen die Larven vor Feinden und dienen der Regulierung von Temperatur und Feuchtigkeit. Die Larven saugen mit ihrem Rüssel Pflanzensaft aus dem Pflanzenstängel. Auch die Raupen des Aurorafalters fressen am Wiesen-Schaumkraut, und der Blütenpollen ist die wichtigste Nahrungsquelle für die Sandbienen-Art *Andrena lagopus*. ∎

Gamander-Ehrenpreis

VERONICA CHAMAEDRYS

Besonders häufig ist der Gamander-Ehrenpreis an Säumen zu finden: entlang von Wegen, Hecken und an Waldrändern, aber auch in lichten Wäldern und auf Wiesen.

4 blaue Blütenblätter, das untere kleiner, Blütengrund weiß, 2 Staubblätter

Blüten in Traube

2 Reihen von Haaren am Stängel

Der Gamander-Ehrenpreis scheint die Lieblingspflanze von Leonhard Fuchs gewesen zu sein, der mit seinem 1543 erschienenen *New Kreüterbuch* einer der Wegbereiter der Botanik in der Renaissance gewesen ist. Er ließ sich mit der filigranen Pflanze, die er *Gamenderle* nannte, in Händen porträtieren. Der Name Gamander bezieht sich auf die Ähnlichkeit zum Echten Gamander und ist aus der griechischen Bezeichnung *chamai-drys* (Boden-Eiche) hervorgegangen, wegen der einem Eichenblatt ähnlichen Form der Blätter. ∎

Blätter gegenständig, ungestielt

Wilde Karde

DIPSACUS FULLONUM

Die bis 2 m hohen, imposanten Blütenstiele des aus dem Mittelmeerraum stammenden Kulturfolgers stehen im Hochsommer auf Schutt- oder Brachflächen.

Blüten erscheinen
am Blütenkopf zuerst
in der Mitte

stachelige
Hüllblätter

Pflanze bis 2 m groß

Stängel und Blattrippen
mit langen Stacheln

Die sich gegenüberstehenden Blätter sind am Stängel zu einer Schale verwachsen, in der sich Regenwasser sammelt, vermutlich um den Stängel hinaufkrabbelnde Insekten abzuhalten. Der wissenschaftliche Gattungsname *Dipsacus* geht auf *dipsa* (griechisch Durst) zurück. Die stacheligen, getrockneten Früchte dienten früher Webern als Werkzeug zum Aufrauen von Wolle, was sich ebenfalls im wissenschaftlichen Namen *fullonum* (lateinisch Tuchmacher) wiederfindet. Die Wilde Karde wurde dafür auch als Echte Weber-Karde (*Dipsacus sativus*) angebaut. ■

 **Blaue Blüte**

Bittersüßer Nachtschatten

SOLANUM DULCAMARA

In feuchten Gebüschen, Hecken und Ufervegetation rankt
und klettert der Bittersüße Nachtschatten als kleine Liane
an anderen Pflanzen empor.

5 zurückgebogene
Blütenblätter, verwachsene
gelbe Staubblätter

unreife
Beeren grün

reife Beeren rot

Der Bittersüße Nachtschatten enthält stark giftige Saponine, die bei Menschen
zu Krämpfen und Atemstillstand führen können. Sie sind in allen Teilen der
Pflanze zu finden, besonders in den unreifen grünen Beeren. Der Bittersüße
Nachtschatten ist eng mit der Tomate und der Kartoffel verwandt, auch unreife
grüne Tomaten und grüne Kartoffeln enthalten ähnliche Giftstoffe. ■

Acker-Vergissmeinnicht

MYOSOTIS ARVENSIS

Das Acker-Vergissmeinnicht ist ein häufiges Unkraut in Getreideäckern, wächst aber auch auf Brachflächen, an Wegrändern und in Gärten.

3–5 mm große Blüten, Kelch abstehend behaart

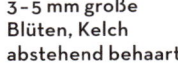

Blütenstiel 2–3-mal so lang wie der Kelch

Blätter und Stängel dicht behaart

Der Name Vergissmeinnicht erscheint bereits in Büchern aus dem 15. Jahrhundert. Er geht auf einen alten Brauch von Liebespaaren zurück, die sich zum Abschied ein Sträußchen der Pflanze als Erinnerung übergaben. In vielen Sprachen ist der Name übernommen worden, so heißt die Pflanze auf Englisch *forget-me-not*, auf Dänisch *forglemmigej*, Niederländisch *vergeet-mij-nietje* und auf Italienisch *non ti scordar di me*, alle mit derselben Bedeutung. ∎

Rundblättrige Glockenblume

CAMPANULA ROTUNDIFOLIA

Heiden, Magerrasen oder Felsfluren: Wo die genügsame
Rundblättrige Glockenblume wächst, ist der Boden
besonders nährstoffarm. Die Wurzeln reichen
bis über 1 m tief in den Boden.

hängende,
hellviolette Glocken-
blüten, 5 schmale,
spitze Kelchzipfel

Blütenknospe
aufrecht

Blattrosette am Boden
mit runden Blättern

Blätter am
Stängel schmal
lanzettlich

Ihr Name ist irreführend, denn die Blätter am Stängel
der blühenden Pflanze sind schmal und länglich. Nur
die in einer Rosette nah am Boden wachsenden Blätter,
die zur Blütezeit meist verwelkt sind, zeigen die namens-
gebende runde Form und einen gekerbten Blattrand.
An schattigen Stellen bildet sie keine Blüten, sondern
vermehrt sich über kurze, oberirdische Ausläufer. ■

Kornblume

CYANUS SEGETUM

Als Kulturfolger des Menschen gelangte
die Kornblume mit dem Ackerbau
nach Mitteleuropa und neuerdings über
Saatmischungen für Blumenwiesen
auch vermehrt in Dörfer und Städte.

Hüllblätter
mit gefranstem
Rand

Blütenkörbe mit Kranz
aus trichterförmigen
Röhrenblüten

Stängel und Blätter
filzig behaart, obere
Blätter lanzettlich

Die filigrane Struktur der Blüte und ihr
intensives Blau haben die Menschen seit
jeher fasziniert und machten die Kornblume zum Thema von Gedichten, Schlagern
und einem beliebten Motiv der Malerei.
Die Farbe entsteht durch Anthocyane,
Farbstoffe, die erstmals an den Blüten
der Kornblume erforscht und nach ihr
benannt wurden. Auch in getrocknetem
Zustand bleibt die blaue Farbe erhalten
und die essbaren Blüten werden als Farbtupfer in Tees oder Salaten verwendet. ∎

Gewöhnliche Wegwarte

CICHORIUM INTYBUS

An sonnigen Wegrändern und auf Ruderalflächen
wachsen die sparrigen Pflanzen, deren Blüten
nach nur einem halben Tag bereits gegen
die Mittagszeit welken.

Blüten oft direkt am
Stängel, nur Zungenblüten
mit 5 Zipfeln

untere Blätter
schrotsägeförmig

obere Blätter
ohne Stiel,
lanzettlich

Eine Varietät der Gewöhnlichen Weg-
warte ist der Chicorée. Seine Wurzeln
werden im Herbst ausgegraben und
in abgedunkelten Räumen gelagert,
sodass eine bleiche, gelbliche Knospe
hervorsprießt, die als gedünstetes Ge-
müse oder roh als Salat gegessen wird.
Auch die Wurzel selber ist geröstet und ge-
rieben als Kaffeeersatz Zichorienkaffee seit dem
17. Jahrhundert verbreitet oder wird roh als Tee zur Behandlung von Appetitlosigkeit und Völlegefühl verwendet. ■

Wald-Veilchen

VIOLA REICHENBACHIANA

Die kleinen Pflanzen des Wald-Veilchens sprießen im Frühjahr zwischen trockenem Laub in humusreichem Boden und sind im Schatten des Waldes leicht zu übersehen.

Blütensporn lila wie Blüte, Kelchblätter spitz

seitliche Blütenblätter nach unten gerichtet

Blätter breit herzförmig, untere gestielt

Stängel und Blätter ohne Haare

grüne Sommerblüte

Das Wald-Veilchen bildet zwei Generationen von Blüten aus. Im Erstfrühling erscheinen die klassischen, hellvioletten Veilchenblüten, die von Bienen besucht werden. In den Blüten wird ein klebriges Sekret gebildet, das den Pollen an die Biene heftet. Im Sommer erscheint eine zweite Blütengeneration, die als unscheinbar grüne Knospe geschlossen bleibt und in der die Befruchtung durch Selbstbestäubung erfolgt. Aus beiden Blütenformen gehen keimfähige Samen hervor, die ein fettreiches Anhängsel tragen, das Ameisen anlockt, die die Samen verbreiten. ■

Vielblättrige Lupine

LUPINUS POLYPHYLLUS

Von der Westküste Nordamerikas stammend, kam die Vielblättrige Lupine als Zierpflanze nach Europa, verwilderte
und gehört jetzt zu den häufigsten Neubürgern in
der Pflanzenwelt.

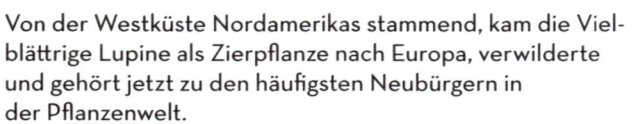

lange Blüten-
traube, Blüten-
farbe auch rosa
oder weiß

Schiffchen verwachsen,
an der Spitze wird Pollen
abgegeben

Über eine Symbiose mit in den Wurzeln lebenden Knöllchenbakterien kann die Vielblättrige Lupine Stickstoff
aus der Luft nutzen und im Boden anreichern. Hier-
durch können Lebensräume nachhaltig verändert
und für Pflanzenarten nährstoffarmer Wiesen
unbewohnbar werden. Vom Bundesamt für
Naturschutz ist die Lupine daher als inva-
sive Art eingestuft worden, die die heimi-
sche Pflanzenwelt gefährdet. In einigen
Naturschutzgebieten wie der Langen
Rhön wird sie daher durch gezielte
Mahd und Beweidung mit
Schafen bekämpft. ■

kräftiger Stängel, aufrechter
Wuchs bis 1,5 m hoch
Blätter gefingert mit
10 – 20 behaarten Blättchen

Vogelwicke

VICIA CRACCA

Die Spitzen der schmalen Fiederblätter sind als Ranken verlängert, die langsam kreisend ihre Umgebung absuchen, bis sie etwas berühren und dann alsbald umranken.

Fiederblätter am Ende mit Ranken

Blütenstand lang gestielt mit zahlreichen Schmetterlingsblüten

Die Staubbeutel und Griffel sind von den blauvioletten Schmetterlingsblüten umschlossen, deren unteres Schiffchen sich durch das Gewicht einer landenden Biene öffnet, sodass die Staubblätter ihr zunächst den Pollen an den Bauch pinseln. Der Griffel hingegen wird erst durch den Kontakt mit der Biene abgewetzt, dadurch klebrig und für die nachfolgenden Bestäuber empfänglich. So vermeidet die Vogelwicke Selbstbestäubung. ■

Fiederblättchen länglich

Gewöhnlicher Natternkopf

ECHIUM VULGARE

Mit seinen tief in den Boden reichenden Wurzeln kann er
auf besonders trockenen Böden wie offenen Sandflächen,
Industriebrachen oder Schotterflächen gedeihen.

Knospen
und frische
Blüten rosa

Staubblätter
und Griffel ragen
aus der Blüte

Blüten in Wickeln
an beblättertem
Blütenstand

Gerade geöffnete Blüten sind rosa gefärbt
und männlich, sie bilden besonders viel
Nektar und werden von Bienen, Hummeln und Schmetterlingen bevorzugt
besucht. Schon im Lauf des ersten Tages
verfärben sie sich blau und werden weiblich, am dritten Tag welken sie. Die Farb-
änderungen werden durch einen veränderten
pH-Wert in den Blütenblättern verursacht. Der
Natternkopf enthält giftige Pyrrolizidinalkaloide,
die die Leber schädigen und Krebs auslösen können und dort, wo die Pflanze häufig vorkommt,
auch im Bienenhonig nachweisbar sind. ■

Stängel mit braunen Punkten,
ganze Pflanze dicht borstig behaart

Echtes Eisenkraut

VERBENA OFFICINALIS

Die aufrechten Stängel mit den langen, verzweigten Blütenständen stehen an Wegrändern und wachsen auf Ruderalstellen und Weiden häufig auf durch Viehtritt verdichteten Böden.

mehrere
Blütenstände

lange, schmale
Blütentrauben

Blätter
gegenständig

5 Zipfel der Blüte
etwas unter-
schiedlich lang

Stängel kantig,
aufrecht

In der Antike wurden dem Eisenkraut magische Fähigkeiten zugesprochen: Es sollte vor Wunden durch Metallwaffen schützen und wurde in Zeremonien zum Beispiel für die Reinigung von Altären verwendet. Im Mittelalter gaben Schmiede die Stängel dem geschmolzenen Eisen hinzu, um den Stahl zu härten, was wegen dem dadurch zugeführten Kohlenstoff auch tatsächlich wirkte, aber auch mit jeder anderen Pflanzenart funktioniert hätte. ■

Kriechender Günsel

AJUGA REPTANS

Mit seinen oberirdischen Ausläufern bildet der Kriechende Günsel in kurzer Zeit große, rasenartige Bestände in feuchten Wiesen, unter Hecken und in Gärten.

Blütenstand beblättert, obere Blätter oft violett überlaufen

Oberlippe der Blüte scheinbar fehlend, Unterlippe mit Zeichnung

Stängel 4-kantig

oberirdisch kriechende Ausläufer

Blätter spatelförmig, gegen-ständig, Rand gekerbt

Wenn der Kriechende Günsel im April seine ersten Blüten öffnet, gibt es noch regelmäßig Nachtfröste. Dagegen bildet die Pflanze in den Blättern und Stängeln ein Frostschutzmittel: kurze Ketten aus Zuckermolekülen, die den Gefrierpunkt der Zellflüssigkeit herabsetzen. Im Sommer ist der Gehalt an diesen Zuckerketten gering und mit sinkenden Temperaturen im Herbst wird die Produktion wieder verstärkt. ■

Gewöhnlicher Gundermann

GLECHOMA HEDERACEA

Die rötlich überlaufenen, aufrechten Blütenstände erscheinen im Frühjahr, oft in großen Gruppen an nährstoffreichen Standorten an Waldwegen und -säumen, in Hecken und auf feuchten Wiesen.

Blätter herzförmig, Rand gekerbt, oft violett überlaufen, riechen würzig

Blüten mit deutlicher Oberlippe, Flecken auf Unterlippe

Stängel 4-kantig, kriechend, nur Blütenstände aufrecht

Auch im Winter bleiben die Blätter des Gundermanns grün, stehen dann aber meist vereinzelt oder in Blattrosetten. Im Frühjahr beginnt die Pflanze wieder zu sprießen und bildet bis zu 2 m lange Ausläufer, die sich verzweigen und in unregelmäßigen Abständen neue Wurzeln ausbilden – an nährstoffreichen Stellen in kurzen Abschnitten, in nährstoffarmen in längeren. So kann der Gundermann ungleichmäßig verteilte Nährstoffangebote optimal nutzen. Auch die Blätter einer Pflanze zeigen bemerkenswerte Anpassungen an das durch Beschattung kleinflächig wechselnde Lichtangebot. ■

Wiesen-Witwenblume

KNAUTIA ARVENSIS

Im Hochsommer erscheinen die kissenförmigen, violetten Blüten in Wiesen und an Wegrändern. Aus Äckern sind sie heutzutage leider weitgehend verschwunden.

Blütenkopf mit ca. 70 Einzelblüten

Stängel borstig behaart

randliche Einzelblüten vergrößert

Der Nektar in den Röhrenblüten ist auch für Insekten mit kurzen Rüsseln gut zugänglich und macht die Wiesen-Witwenblume zu einer der wichtigsten Nektarquellen in Wiesen. Besonders für Schmetterlinge hat sie eine herausragende Bedeutung. Mindestens 56 Arten von Tagfaltern wurden in Mitteleuropa als Besucher an den Blüten festgestellt und für mindestens 14 davon hat sie eine entscheidende Bedeutung als Nektarquelle. Aber auch viele Bienen, Schwebfliegen und Käfer besuchen die Blüten, darunter die spezialisierte Knautien-Sandbiene, für die sie die wichtigsten Pollen- und Nektarquellen sind. ■

Blätter gegenständig, am Stängel gefiedert

Schöllkraut

CHELIDONIUM MAJUS

Das Schöllkraut wächst auf sehr nährstoffreichen Böden im Halbschatten an Säumen und in Gärten. Von Ameisen werden die Samen auch in Mauerritzen getragen und können dort keimen.

bei Verletzung tritt giftiger, gelber Milchsaft aus

4 gelbe Blütenblätter, viele Staubblätter, Kelchblätter fallen früh ab

Kapselfrucht

Blätter gefiedert, Rand gekerbt, Oberseite graugrün

Stängel kahl

Im Mittelalter war es verbreitet, aus der Erscheinung einer Pflanze auf deren Heilwirkung zu schließen. Der gelbe Milchsaft des Schöllkrautes führte zu vielfältigen Interpretationen, aber auch die stark giftige Wirkung der Pflanze wurde bereits erkannt. Teilweise haben sich die Weisheiten bestätigt und Schöllkraut ist in einigen Arzneimitteln gegen Magen-Darm-Beschwerden enthalten. Allerdings treten gelegentlich auch schwere Leberschäden durch die Einnahme von Schöllkraut auf. ■

Wegrauke

SISYMBRIUM OFFICINALE

Die Wegrauke ist ein unruhiger Anblick mit den wirr
abstehenden, bogenförmig aufgerichteten, langen
Blütenständen und den spießförmigen bis gefieder-
ten, teilweise schlapp hängenden Blättern.

lange, dünne
Schotenfrüchte
liegen am
Stängel an

kleine Blüten
mit 4 gelben
Blütenblättern

sparrig
verzweigter
Wuchs

Die Samen der Wegrauke überdauern sehr
lange im Boden. Fällt Licht auf sie und
ist gleichzeitig reichlich Nitrat als Nähr-
stoff vorhanden, so beginnen sie zu
keimen und wachsen schnell heran.
Die Schoten mit den Samen bleiben
nach der Vegetationsperiode noch lange an der schon vertrockneten Pflanze
und werden häufig mit ihr zusammen durch
den Wind fortgeweht. Die Samen ruhen dann,
bis wieder günstige Bedingungen für diesen
Erstbesiedler offener Böden bestehen. ■

Blattform variabel,
Rand gezähnt

Gewöhnliche Nachtkerze

OENOTHERA BIENNIS

Im Hoch- und Spätsommer sieht man an Eisenbahngleisen oder Schuttflächen häufig die Säulen der aus Nordamerika stammenden Gewöhnlichen Nachtkerze.

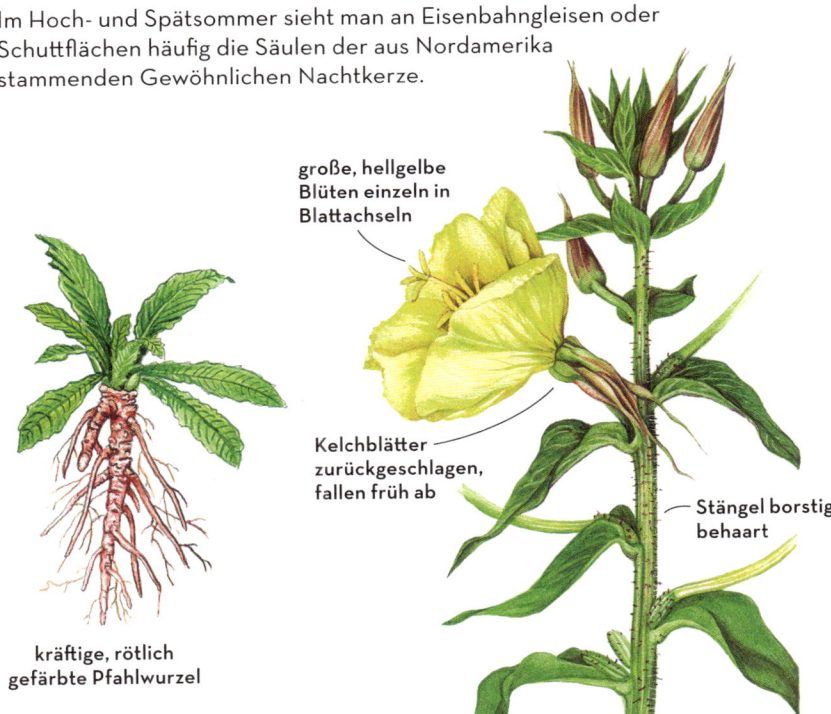

große, hellgelbe Blüten einzeln in Blattachseln

Kelchblätter zurückgeschlagen, fallen früh ab

Stängel borstig behaart

kräftige, rötlich gefärbte Pfahlwurzel

In den Abendstunden entfalten sich die großen, zunächst gewickelten Blüten. Die Öffnung geschieht so schnell und gleichmäßig, dass die Bewegung auch mit dem bloßen Auge wahrgenommen werden kann und als leises Knistern zu hören ist. Eine halbe Stunde nach dem Öffnen beginnt die Blüte, einen intensiv süßlichen Duft zu verströmen, der Nachtfalter als Bestäuber anlockt. Am folgenden Tag beginnt die Blüte bereits zu welken und verfärbt sich dabei oft rötlich. Aus den Samen wird das in der Naturheilkunde verbreitete Nachtkerzenöl gewonnen und die Wurzeln einjähriger Pflanzen sind ein traditionelles Wildgemüse. ■

Zypressen-Wolfsmilch

EUPHORBIA CYPARISSIAS

Die Zypressen-Wolfsmilch wächst in Mager- und Trockenrasen und an sandigen Wegrändern. Sie ist bestens an nährstoffarmen und trockenen Boden angepasst.

Blüte von gelb-grünen Hoch-blättern umgeben

bei Befall mit Rostpilzen ändert sich der Wuchs

Blütenstand doldenartig

halbmondförmige Nektarblätter

Bei Verletzungen tritt ein giftiger Milchsaft aus, der die Pflanze gegen Fraß schützt und typisch für die Familie der Wolfsmilchge-wächse ist. Wegen des bitteren Geschmacks verschmähen Weidetiere die Pflanze, und auch für Menschen ist der Saft schon bei Kontakt mit der Haut giftig. Häufig findet man Pflanzen, die von Rostpilzen befallen sind. Der Pilz unterbindet die Blütenbildung und führt zur Bildung von gelb-lichen, runden Blättern, die auf der Unterseite orange gesprenkelt sind und Nektar absondern, was Insekten anlockt, die die Pilzsporen verbreiten. ∎

wechselständige, linealische Blätter

Gelbe Teichrose, Mummel

NUPHAR LUTEA — GESCHÜTZT

Die glänzenden, ovalen Blätter bedecken im Frühsommer flache Seen, Teiche und ruhige Zonen von Flüssen. Mit den bis 2 m langen Blattstielen, den längsten aller europäischen Pflanzen, sind sie am Grund verankert.

gelbe, duftende Blüte, tellerförmige Narbe in der Mitte vertieft, viele Staubblätter

große, glänzende Schwimmblätter

Die ganze Pflanze ist von einem Durchlüftungsgewebe durchzogen, über das Luft von den Spaltöffnungen auf der Oberseite der Blätter bis zu den Wurzelspitzen gelangt. Das luftgefüllte Gewebe sorgt auch für den Auftrieb der Stängel und Schwimmblätter, die oberseits mit einer wasserabweisenden Wachsschicht bedeckt sind. Unter der Wasseroberfläche bildet die Teichrose eine zweite Art von Blättern aus, die ganz anders aussieht als die Schwimmblätter und an Salatblätter erinnert. ■

Sumpfdotterblume

CALTHA PALUSTRIS

Die kräftige Staude steht mit den Wurzeln oft im Wasser. In Feuchtwiesen oder Erlenbrüchen leuchten die goldgelben Blüten bereits im Erstfrühling.

5 glänzend goldgelbe Blütenblätter, viele Staubblätter

Blüte nicht in Kelch- und Blütenblätter getrennt

Frucht öffnet sich nach oben, Samen liegen frei

Blätter nierenförmig, glänzend, am Stängel ungestielt

untere Blätter lang gestielt

Die Sumpfdotterblume macht sich ihren nassen Lebensraum gleich mehrfach zunutze. Bei Regen schließen sich die Blüten nicht und sammeln die Tropfen wie in einer Schüssel, sodass der Pollen über das Wasser an die Narbe gelangen und die Blüte sich selber befruchtet. Die im Sommer reifen Früchte öffnen sich nach oben, sodass die Samen freiliegen und von aufschlagenden Regentropfen hinauskatapultiert werden. Die Samen sind mit einem Schwimmgewebe umgeben und werden über das Wasser verbreitet. ■

Scharfer Hahnenfuß

RANUNCULUS ACRIS

Die langen Blütenstiele mit den goldgelben Blüten prägen sommerliche Fettwiesen. Auf Weiden bleiben die vom Vieh verschmähten Pflanzen oft inselartig stehen.

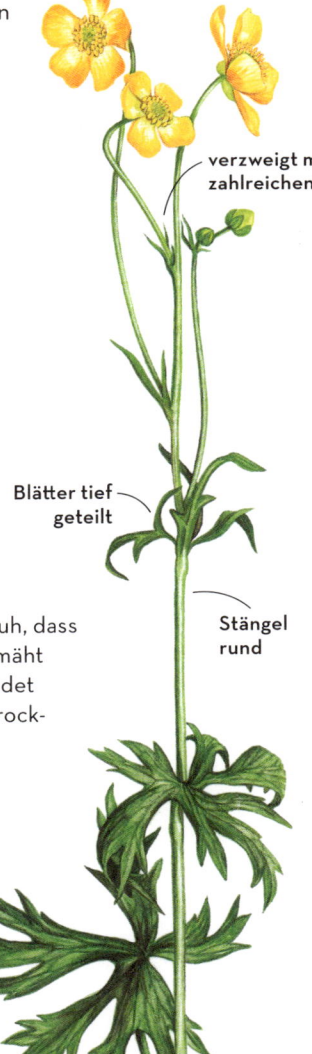

verzweigt mit zahlreichen Blüten

Blüten 2–3 cm groß, 5 Blütenblätter, Blütenboden kahl

Blätter tief geteilt

Stängel rund

Schon kleine Kälber lernen von der Mutterkuh, dass der Scharfe Hahnenfuß giftig ist und verschmäht werden sollte. Das giftige Protoanemonin findet sich in der ganzen Pflanze, wird aber beim Trocknen abgebaut, sodass das Heu wieder an das Vieh verfüttert werden kann. Auch für Menschen ist die ganze Pflanze giftig und führt selbst äußerlich zu Hautreizungen, zum Beispiel, wenn man barfuß über frisch gemähtes Heu läuft oder in einer Blumenwiese liegt. ■

Kleiner Odermennig

AGRIMONIA EUPATORIA

Die schlanken, bis 1,5 m hohen Pflanzen mit den langen
Blütenähren wachsen an warmen Waldsäumen und in
mageren Wiesen auf kalkhaltigen Böden.

abwechselnd große
und kleine, gezähnte
Blättchen

lange Blütenähre mit
goldgelben Blüten,
5 Blütenblätter

Frucht verhakt
sich mit Widerhaken
im Fell von Tieren

Blatt unterbrochen
gefiedert, unter-
seits filzig behaart

In den Schriften von Dioskurides, einem bedeu-
tenden griechischen Arzt der Antike, wird die
Heilpflanze *eupatorion* erwähnt und in der
Spätantike taucht der Name *agrimonia* für
eine weitere Heilpflanze auf. Es lässt sich nicht
genau nachvollziehen, welche Art damit be-
zeichnet wurde, doch wird vielfach der Kleine
Odermennig angenommen, dessen wissenschaftlicher Name sich hieraus ergibt. Der Kleine
Odermennig ist bis in die Neuzeit als Heilpflanze
gegen Durchfall und Entzündungen im Mund
und Rachenraum anerkannt. ∎

Stängel
behaart

Echte Nelkenwurz

GEUM URBANUM

Ursprünglich eine Pflanze der Laubwälder, wächst die Echte Nelkenwurz auch an schattigen Stellen in Gärten sowie auf humusreichen Ruderalstellen selbst mitten in Städten.

5 gelbe Blütenblätter, Kelchblätter spitz und so lang wie Blütenblätter, zahlreiche Staubblätter

Frucht mit Widerhaken verhakt sich im Fell von Tieren

Blattrand gesägt

Die Blüten der Echten Nelkenwurz sind klein und unscheinbar. Sie werden wenig von Insekten besucht, meist von Käfern und Schwebfliegen. Neben zwittrigen Blüten sind an derselben Pflanze oft rein männliche zu finden, aber es gibt auch rein männliche und selten rein weibliche Pflanzen. Der Wurzelstock ist eine kleine Rübe, die bei Verletzungen oder beim Trocknen das intensiv duftende Nelkenöl freisetzt. Früher wurde die eigentlich zu den Rosengewächsen gehörende Pflanze daher auch als Ersatz für Gewürznelken verwendet. ∎

Gänse-Fingerkraut

POTENTILLA ANSERINA

Das Gänse-Fingerkraut erträgt Salz im Boden und ist daher
eine typische Pflanze an den mit Streusalz belasteten
Rändern von Straßen.

Blattunterseite
silbrig weich
behaart

kriechende,
oberirdische
Ausläufer

Blüten
einzeln

unterbrochen gefiedert
mit wechselnd kleinen
und großen Blättchen

Früher war das Gänse-Fingerkraut eine typische
Pflanze der stark nitrathaltigen Gänseweiden, was
ihm seinen Namen gab. Neben der Salzverträg-
lichkeit ist es auch sonst sehr widerstandsfähig
und unempfindlich gegen Vertritt, weswegen
es oft an Trampelpfaden wächst. Die Unterseite der Blätter ist weich filzig behaart und
wird bei starker Sonneneinstrahlung und
Hitze nach oben gewendet, sodass sie Licht
und Wärmestrahlung reflektiert. Die weichen
Blätter wurden früher als Einlegesohlen in Holz-
schuhen verwendet. ■

Schwarze Königskerze

VERBASCUM NIGRUM

Die Schwarze Königskerze ist ein Erstbesiedler offener Böden und wächst auf Schuttflächen, Bahndämmen oder Kahlschlägen im Wald, aber auch auf mageren Wiesen.

lange Blütenähre, Blüten bis 2,5 cm groß, kurz gestielt

Staubblätter mit purpurner Wolle

Stängel mit scharfen Rippen, kantig

Im ersten Jahr der Entwicklung bildet sich nur eine üppige Blattrosette aus. Die hohen Blütenstände mit den langen Ähren treiben im zweiten Sommer nach der Keimung aus und erreichen stattliche 1,3 m Höhe. Der Blütenstand wurden früher, in Pech getaucht, als Fackeln verwendet, was zum Namen Königskerze führte. Die Samen sind winzig klein und nur ein zehntausendstel Gramm schwer, sodass sie mit dem Wind verweht werden. Etwa 50.000 Samen kann eine Pflanze bilden. ■

Blätter nicht am Stängel herablaufend, Ränder gesägt, Oberseite fast kahl, Unterseite weich filzig behaart.

Scharbockskraut

FICARIA VERNA

Die herzförmigen Blätter erscheinen im Frühjahr oft
in großen Gruppen als erstes Grün am Boden in feuchteren
Laubwäldern. Wenig später folgen die Blüten.

Blüten einzeln
mit 8–12 gelben
Blütenblättern

Blätter eckig bis
herzförmig, glänzend

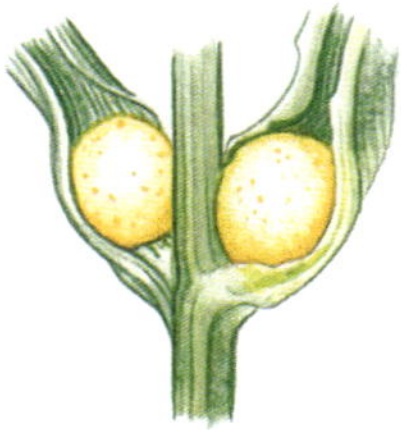

Vermehrung über
Brutknöllchen

Scharbock ist eine alte Bezeichnung für die Vitamin-C-Mangelkrankheit
Skorbut. Die zeitig im Frühling erscheinenden Blätter enthalten viel Vitamin C
und wurden früher als Mittel gegen diese Krankheit gegessen. Auch Seefahrer
haben die eingelegte Pflanze als Vitaminquelle auf große Fahrt mitgenommen.
Zu Beginn der Blüte enthalten die Pflanzen bereits größere Mengen Protoanemonin und sind leicht giftig. ■

Huflattich

TUSSILAGO FARFARA

Wenn sich die blattlosen, beschuppten Blütenstiele
des Huflattichs mit den feinstrahligen Blüten
aus dem Boden schieben, beginnt offiziell
der Erstfrühling.

hunderte feine
Zungenblüten

Blütenstiel
mit Schuppen-
blättern

Blattrand mit
kleinen, dunklen
Spitzen

Blattunterseite
weißfilzig

Die Blütenstiele strecken sich über die
Blütezeit immer weiter und biegen sich,
bis sie nicken und verblühen. Wenn die
fallschirmartigen Früchte gereift sind,
richtet sich die Pflanze zur Pusteblume
wieder auf. Dann erscheinen auch die
großen Blätter, die den Sommer über
bestehen bleiben. Huflattich ist ein altbe-
kanntes Heilmittel gegen Husten, enthält aber nach neuen
Erkenntnissen auch leberschädigende und krebserregende
Pyrrolizidin-Alkaloide. Für medizinische Anwendungen
werden daher Sorten ohne Alkaloide gezüchtet. ■

Gewöhnliches Greiskraut

SENECIO VULGARIS

Blühende Pflanzen können zu allen Jahreszeiten auftreten. Besonders verbreitet ist das Gewöhnliche Greiskraut auf Äckern, aber auch in Gärten und auf Ruderalstellen.

Hüllblätter
mit dunkler
Spitze

reife Früchte bilden
Pusteblumen

Blütenkörbchen
nach oben verengt,
ohne Zungenblüten,
nickend

Stängel
gefurcht

Blätter
fiederspaltig

Was aussieht wie geschlossene Blüten oder Knospen kurz vor dem Erblühen, sind bereits die fertigen Blüten des Gewöhnlichen Greiskrauts. Häufig tritt Selbstbestäubung in den zwittrigen Röhrenblüten auf und es bilden sich zahlreiche längliche Samen, die oben einen Kranz aus feinen Haaren tragen, der sie zu ausgezeichneten Schirmchenfliegern macht. Es wurden Flugstrecken von über 30 km nachgewiesen. ∎

Kanadische Goldrute

SOLIDAGO CANADENSIS

Erst im Spätsommer erscheinen die wie ein gelbes Feuerwerk weit ausgebreiteten, überhängenden Blütenstände der in großen Gruppen wachsenden Staude.

Blütenrispen mit nach oben weisenden Blüten, einzelne Blüten winzig

einzelne Blüten winzig

Stängel behaart

Die bis zu 2,5 m große Staude gelangte schon im 17. Jahrhundert mit dem Gartenbau nach Mitteleuropa, breitete sich aber bald in die freie Natur aus und hat als sehr erfolgreicher Neubürger alle Regionen besiedelt. Wie viele andere eingebürgerte Pflanzen ist sie in Europa so erfolgreich, weil die zahlreichen Insektenarten, die sich in ihrer ursprünglichen Heimat Nordamerika auf die Pflanze als Nahrung spezialisiert haben, hierzulande fehlen. ■

Blätter ungestielt, Rand gesägt

Rainfarn

TANACETUM VULGARE

Die knopfartigen Blüten erscheinen im Hochsommer in üppigen, doldenartigen Blütenständen an Wegrändern, Waldsäumen und auf Ruderalflächen, oft in Nachbarschaft zum Gewöhnlichen Beifuß.

vielfach verzweigte, aufrechte Blütenstände mit knopfartigen Blütenkörbchen

Stängel gefurcht

Blätter fiederschnittig, Blättchen gesägt

Die ganze Pflanze enthält intensiv duftende ätherische Öle, darunter in hoher Konzentration das giftige Thujon, das starke Muskelkrämpfe und Herzstillstand verursachen kann. Bei manchen Menschen löst schon das Berühren der Pflanze allergische Reaktionen aus. Der Duft bleibt auch bei den getrockneten Pflanzen lange erhalten, weswegen Sträuße früher gegen Ungeziefer im Haus aufgehängt oder gegen Kleidermotten in die Wäsche gelegt wurden. ∎

Gewöhnlicher Beifuß

ARTEMISIA VULGARIS

Der Gewöhnliche Beifuß ist die charakteristische
Pflanzenart mehrjähriger Pflanzengesellschaften
auf Ruderalflächen und wächst dort häufig
gemeinsam mit dem Rainfarn.

Blätter fiederteilig,
mit gesägtem Rand,
Unterseite weißfilzig

unscheinbare
Korbblüten
in langen Rispen

Stängel kantig und
rötlich braun

Die Blüten des Gewöhnlichen Beifußes
sind sehr unscheinbar, da sie keine Insekten für die Bestäubung anlocken müssen,
die bei dieser Pflanze durch den Wind
über die Luft erfolgt. Beifußpollen ist
einer der 8 wichtigsten Auslöser von
Heuschnupfen in Mitteleuropa und plagen
Allergiker besonders zur Blütezeit im Juli
und August. Den meisten Pollen setzen
die Pflanzen vormittags in die Luft frei.
Die Triebspitzen werden vor dem Öffnen
der Blüten als Gewürz geerntet. ∎

Gewöhnliches Ferkelkraut

HYPOCHOERIS RADICATA

Das Gewöhnliche Ferkelkraut wächst in gepflegten, kurzen Rasenflächen in Gärten und Parkanlagen, wenn diese nicht zu stark gedüngt sind und der Boden etwas sauer ist.

Blütenkörbe mit Zungenblüten auf langen Blütenstielen

schuppenförmige Hochblätter am Stängel

Regelmäßiges Rasenmähen ist für das Ferkelkraut sehr förderlich. Die konkurrierenden Gräser werden dadurch kurz gehalten, sodass reichlich Licht an die Blätter am Boden fällt, die vom Mähwerk meist nicht erreicht werden. Die langen Blütenstiele werden zwar abgeschnitten, aber es wachsen schnell neue nach, und über die Saison werden so mehr Blüten und Samen produziert als in ungemähten Flächen. ∎

Blattrosette am Boden, Blätter borstig behaart, Rand eingebuchtet

Wiesen-Löwenzahn

TARAXACUM OFFICINALE

Das Meer aus orangegelben Löwenzahnblüten auf Wiesen und Weiden im Frühling ist hübsch anzusehen, aber es ist auch ein Zeichen für starke Überdüngung.

typische Pusteblume

bildet kräftige Pfahlwurzel

Stängel rötlich überlaufen, rund, kahl, hohl

Blütenkörbe halbkugelförmig, schließen sich nachts

Blätter grob gesägt in Rosette am Boden

Die gelben Zungenblüten tragen an ihrem Grund bereits die weißen Haare der späteren Flugsamen. Nach wenigen Tagen der Blüte schließen sich die Köpfchen und die Samen reifen heran. Dies geschieht auch, wenn keine Befruchtung stattfindet. Die Reife ist schnell abgeschlossen und bei trockenem Wetter wölbt sich der Blütenboden zu einer Halbkugel und präsentiert die Früchte: kleine Schirmchen, die vom Wind bis zu 10 km weit getragen werden. Der Stängel ist in der Zwischenzeit noch weiter gewachsen, um den Samen einen möglichst hohen Startpunkt für ihren Flug zu bieten. ■

Wiesen-Pippau

CREPIS BIENNIS

Die doldenartig verzweigten Blütenstände
sind ein typischer Blühaspekt in sommer-
lichen Wiesen. Auf beweideten Flächen
verschwindet die Pflanze.

mehrere Blütenkörbe
mit Zungenblüten

Hüllblätter dunkel
und filzig behaart

Stängel gefurcht
und hohl

Frucht mit weißem
Haarkranz ohne Stiel

Blätter gesägt
oder fieder-
schnittig

Bienen sind die wichtigsten Bestäuber der
leuchtend gelben Blütenkörbe. Allerdings
können auch ohne Bestäubung Früchte mit
keimfähigen Samen ausgebildet werden.
Die reifen Früchte mit dem weißen Haarkranz
formen eine kleine Pusteblume wie beim
Löwenzahn, allerdings setzen die Haare direkt
an der Frucht an und sind nicht gestielt. Die
Früchte sind bei Stieglitzen und anderen
Finken ein beliebtes Futter. ■

Sumpf-Schwertlilie

IRIS PSEUDACORUS — GESCHÜTZT

Die langen, schlanken Blätter erinnern an
Rohrkolben und Schilf, zwischen denen
die Sumpf-Schwertlilie an Teichufern,
in Gräben oder nassen Wiesen wächst.

3 zungenartige
Blütenblätter
mit braunem Muster

bis 1 m lange,
schwertförmige
Blätter

bis 8 cm lange
Fruchtkapsel

Der Wurzelstock liegt meist im Schlamm
verborgen und kann einen Monat unter
völligem Sauerstoffabschluss überdauern.
Ein Zustand, in dem die meisten anderen
Pflanzen längst zu faulen anfangen würden.
Die Samen liegen gestapelt in den langen
Fruchtkapseln und werden vom Wind
verstreut. Sie lassen sich nicht mit Wasser
benetzen und können lange Zeit schwimmen und die Pflanze so entlang der Ufer
verbreiten. ■

Gewöhnlicher Hornklee

LOTUS CORNICULATUS

An den Blüten des Gewöhnlichen Hornklees herrscht reger
Flugbetrieb, er gehört zu den wichtigsten Nektarquellen
für Bienen und Tagfalter in Wiesen.

Schmetterlingsblüten
in einfacher Dolde,
oft rötlich gemustert

bis 3 cm lange gerade
Hülsenfrüchte

Fiederblätter mit
5 Blättchen, untere
Blättchen sitzen
direkt am Stängel

Bienen landen auf dem vorstehen-
den Schiffchen und drücken mit
ihrem Gewicht dessen Blütenblätter nach unten, sodass Staubbeutel und Griffel freigelegt werden und an den Bauch der Biene gedrückt
werden. Die befruchteten Blüten bilden längliche
Fruchtschoten aus, von denen während der
Reifezeit diejenigen mit den wenigsten Samen-
anlagen abgeworfen werden. Der Hornklee opti-
miert dadurch seine Energiereserven für eine
möglichst große Zahl von Samen. ∎

Gewöhnliches Leinkraut

LINARIA VULGARIS

Das Gewöhnliche Leinkraut war ursprünglich nur entlang der Küsten auf Dünen und Strandwällen verbreitet, konnte sich aber durch den Menschen ins Binnenland ausbreiten, wo es häufig auf Ruderalflächen wächst.

gelbliche Blüten mit orangener Unterlippe in Trauben

Blüte mit langem Sporn

Die orangegelbe Unterlippe der Blüte versperrt den Eingang zum nektarführenden Sporn. Nur die kräftigen Hummeln und größere Bienenarten sind dazu in der Lage, die Lippe nach unten zu drücken und in die Blüte hineinzukriechen. Auch dann brauchen sie noch einen langen Rüssel, um an den tief im Sporn liegenden Nektar zu gelangen. Kurzrüsselige Hummelarten schummeln beim Blütenbesuch und beißen seitlich ein Loch in den Sporn. ■

lanzettliche Blätter

Große Brennnessel

URTICA DIOICA

Die Große Brennnessel wächst auf besonders nährstoffreichen Böden an Wegrändern, in Gärten und in feuchten, lichten Laubwäldern meist in großen Gruppen.

weibliche Pflanzen mit hängenden Blütenrispen

ganze Pflanze mit Brennhaaren

Blütenrispen an männlichen Pflanzen abstehend

Blätter gegenständig, Rand gesägt

Blätter und Stängel sind von filigranen Brennhaaren bedeckt, die an ihrer Spitze durch eine winzige Kugel verschlossen sind. Diese bricht bei der leichtesten Berührung ab und die durch Kieselsäure zu spitzen Injektionsnadeln verstärkten Haare können dann mühelos in die Haut eindringen. Durch den Druck auf die Basis des Brennhaars wird ein Giftcocktail aus Histamin, Serotonin und Acetylcholin wie durch eine Kanüle unter die Haut gespritzt, der einen brennenden Schmerz und einen nesselnden Ausschlag verursacht. ■

Stumpfblättriger Ampfer

RUMEX OBTUSIFOLIUS

Der Stumpfblättrige Ampfer zeigt überdüngte Standorte an und bildet auf Pferde- und Kuhweiden oder auf mit Gülle gedüngten Wiesen oft massenhafte Bestände.

lange, aufrechte Blütenrispe

Der Gehalt an Oxalsäuren ist beim Stumpfblättrigen Ampfer geringer als beim nah verwandten Wiesen-Sauerampfer und er ist daher für das Vieh auch nicht so giftig. Trotzdem wird er von Säugetieren eher gemieden. Ganz im Gegenteil zur Insektenwelt: Häufig sind in den Blättern kreisrunde Löcher zu finden, die vom Ampferkäfer und seiner Larve hineingefressen wurden. Bei häufigem Vorkommen des Käfers bleiben nur die Blattadern als Gerippe zurück. Auch für die Raupen des Großen Feuerfalters ist die Pflanze eine wichtige Nahrung. ∎

große, runzelige Blätter mit langem Stiel, untere Blätter an der Basis herzförmig

Wald-Bingelkraut

MERCURIALIS PERENNIS

Die frisch gelbgrünen, niedrigen Pflanzen bilden im Erstfrühling in alten Laubwäldern große Bestände aus, die vor allem über Ausläufer entstehen.

männliche
Pflanzen mit
Blüten in Ähren

weibliche Blüte
mit großem
Fruchtknoten

Blätter gedrängt
oben am Stiel

Blattrand
gesägt

Männliche und weibliche Blüten befinden sich beim Wald-Bingelkraut auf unterschiedlichen Pflanzen. Die Bestäubung erfolgt hauptsächlich durch Fliegen, die vom fischigen Geruch der Blüten angelockt werden. Die weiblichen Pflanzen können allerdings auch keimfähige Samen bilden, ohne dass die Blüten befruchtet wurden. Für die Verbreitung der Samen sorgen dann Ameisen. Beim Trocknen der Blätter entsteht der Farbstoff Indigo, der den Blättern einen blau-schwarzen Metallglanz verleiht. ■

Breitwegerich

PLANTAGO MAJOR

Die zähe Pflanze kann als eine von wenigen
auf Wegen und Parkplätzen gedeihen,
denn sie ist ziemlich unempfindlich gegen
Schuhsohlen und Autoreifen.

Blüten in langer Ähre,
Stängel der Ähre nicht
länger als die Ähre

bis handgroße,
breite Blätter, deutlich vom
Blattstiel abgesetzt

Mit seinen fast 1 m tief reichenden Wurzeln
kann der Breitwegerich auch in stark verdichteten Böden wachsen. Außerdem ist er recht
tolerant gegenüber Salz und wächst daher häufig
an Straßenrändern. Die Samenschalen quellen
bei Feuchtigkeit auf und werden klebrig. Sie
haften dann an Tierpfoten, Schuhen und Reifen
und werden so verbreitet. In Nordamerika,
wo die Art ursprünglich nicht vorkam, wurde
der Breitwegerich von den Ureinwohnern
daher passend „Fußstapfen des Weißen
Mannes" genannt. ∎

Rand glatt,
Blatt mit 5 – 9
parallelen Adern

Spitzwegerich

PLANTAGO LANCEOLATA

Der Spitzwegerich wächst auf Wiesen und Weiden, wo er mit seinen schlanken Blättern zwischen den Gräsern kaum auffällt, bis die langen Blütenstängel mit den kurzen Ähren erscheinen.

Blüten in kurzer Ähre an langen, gefurchten Stängeln

lange, auffällige Staubblätter

Blätter lanzettlich spitz und mindestens 3-mal so lang wie breit, behaart

Der Spitzwegerich ist eine seit der Antike bekannte Heilpflanze. Tee aus den Blättern und gepresster Pflanzensaft wirken lindernd bei Husten und Entzündungen im Rachen. Die Pflanze enthält Schleimstoffe, die sich schützend auf die Entzündung legen und den Hustenreiz mindern. Außerdem enthält sie Aucubin und Gerbstoffe, die entzündungshemmend und antibakteriell wirken. Die frischen Blätter, zerrieben auf die Haut gedrückt, lindern den Juckreiz von Mückenstichen oder Brennnesselwunden. ∎

Blätter in Rosette am Boden

Weißer Gänsefuß

CHENOPODIUM ALBUM

Der Weiße Gänsefuß erscheint wie aus dem Nichts
aus Bodenaushub oder umgegrabenen Beeten, denn
seine Samen können über 1.000 Jahre keimfähig
in der Erde ruhen.

Blütenrispen mit
winzigen Blüten
in Knäueln

winzige Blüten mit
5 Blütenblättern

Blätter unterseits
weiß bestäubt,
Blattform und -rand
sehr variabel

Stängel grün
gestreift, oft
rot überlaufen

In Mitteleuropa wird der Weiße
Gänsefuß überwiegend als Unkraut
betrachtet, dabei ist er ein vielsei-
tiges Wildgemüse. Er wird zum Beispiel in Indien extra angebaut und wie
der nah verwandte Spinat gekocht als
Gemüsebeilage genutzt. Auch die
kleinen, schwarzen Samen sind essbar
und werden zu einer Grütze gekocht
oder gemahlen als Mehl verwendet.
Auch bei Vögeln, besonders bei Haussperlingen, sind die Samen ein beliebtes Winterfutter. ∎

Echte Tollkirsche

ATROPA BELLADONNA

Die bis 1,5 m große Staude wächst auf Waldlichtungen und an Wegen in Nadel- und Laubwäldern in den Mittelgebirgen, besonders auf kalkhaltigen Böden.

kräftiger Stängel
weich behaart

Blätter breit, oval,
spitz zulaufend,
wechselständig

einzelne kirsch-
große, glänzend
schwarze Beere

glockenförmige,
bräunliche Blüte

Ihren wissenschaftlichen Namen hat die tödlich giftige Tollkirsche von der griechischen Schicksalsgöttin Atropos. Sie hatte die Macht, über den Tod der Menschen zu entscheiden, indem sie ihren Lebensfaden durchschnitt. Für die Giftwirkung sind hauptsächlich die Alkaloide Atropin und Scopolamin verantwortlich, die nicht nur in den Beeren, sondern auch in den Blättern und Wurzeln zu finden sind. Atropin wirkt bei Menschen direkt auf das Nervensystem und kann bei Vergiftungen zum Atemstillstand führen. ■

Vierblättrige Einbeere

PARIS QUADRIFOLIA

Tief im Schatten alter Laubwälder wachsen die Vierblättrigen
Einbeeren im Frühling und Frühsommer. Über die Verbreitung
durch Ausläufer entstehen teils große Gruppen.

einzelne, zentrale Blüte,
Fruchtknoten dunkel
rötlich braun, auffällige
gelbe Staubblätter

Kreuz aus
4 Blättern

Blätter
rundlich
mit Spitze

einzelne blau-
schwarze Beere

Die Zahl der Blätter ist zwar typischerweise vier, doch treten häufig auch
Pflanzen mit drei oder fünf, selten sogar mit sechs Blättern auf. Im Zentrum der
Blüte sitzt der auffällige dunkelrote bis schwärzliche Fruchtknoten, der besonders Fliegen als Bestäuber anlockt, eventuell indem er faulendes Fleisch imi-
tiert. Die Bestäubung erfolgt jedoch auch mit dem Wind. Die schwach giftigen,
blauschwarzen Beeren werden von Vögeln gefressen und so verbreitet. Die
wichtigste Rolle für die Vermehrung spielen jedoch unterirdische Ausläufer. ■

Service

Register

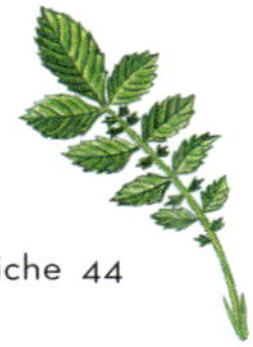

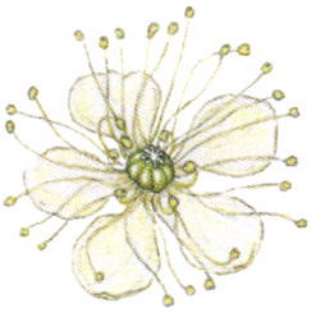

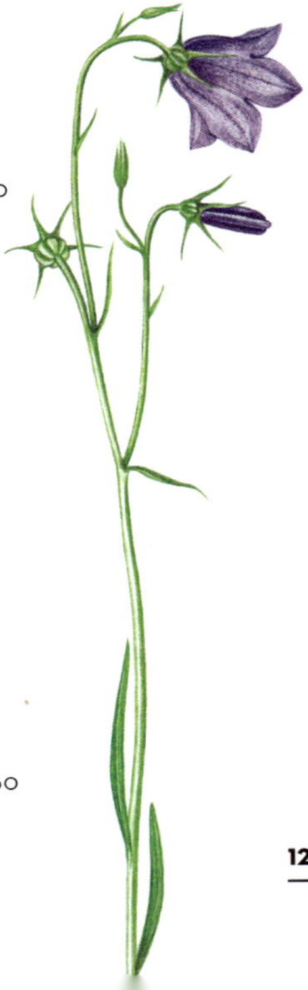

Zum Weiterlesen

Sie haben Spaß daran gefunden, die Pflanzen um Sie herum zu entdecken, zu wissen, wie sie heißen, und mehr über sie zu erfahren. Dann können wir Ihnen diese Bücher empfehlen, die Sie dabei unterstützen und mit denen Sie noch mehr Freude an der Pflanzenwelt und der gesamten Natur haben werden.

Spohn et al.: **Was blüht denn da? Das Original.** Der Klassiker unter den Pflanzenbestimmungsbüchern. Mehr als 800 Pflanzenarten auf über 2000 Zeichnungen ganz einfach nach Farbe bestimmen. Kosmos 2021

Spohn: **Was blüht denn da? Der Fotoband.** Wer lieber Fotos als Zeichnungen hat greift zu diesem Buch. Hier werden die Pflanzen auf Bildern gezeigt, bestimmt wird ebenfalls nach Blütenfarbe. Kosmos 2021

Bosch: **Wildkräuter am Blatt erkennen.** Wie bestimmt man Pflanzen, wenn sie gerade nicht blühen. Ganz einfach mit diesem Buch. Einfach ein Blatt auf die lebensgroßen Fotos im Buch legen und direkt vergleichen. Kosmos 2020

Dreyer: **Der Kosmos Waldführer.** Wald ist mehr als viele Bäume. In diesem Ökosystem leben unzählige Tier- und Pflanzenarten eng miteinander vernetzt. Dieses Buch stellt über 500 davon vor. Kosmos 2019

Hecker: **Der Kosmos Tier- und Pflanzenführer.** Der lebendige Naturführer für draußen. Mehr als 1.000 Tiere, Pflanzen und Pilze, über 4.000 Fotos und Zeichnungen, dazu 250 Tierstimmen und zahlreiche Erklärfilme als Bestimmungshilfen auf der KOSMOS-Plus-App abrufbar. Kosmos 2019

Hecker: **Naturverbunden** Entdecken Sie mit diesem Buch die Pflanzen, die Ihnen besonders gut tun. Lernen Sie sie in ihrem Lebensraum kennen und erfahren Sie, was Sie alles mit ihnen machen können – vom Kräutersalz bis zur heilsamen Tinktur. Kosmos 2021

Hoppe: **Blumen der Alpen** Die bunte Welt der Alpenblumen in einem Buch: Bestimmen Sie die 500 häufigsten und auffallendsten Bergblumen einfach und sicher nach Blütenfarbe und -form. Kosmos 2018

Einfach Vögel
—— einfach bestimmen

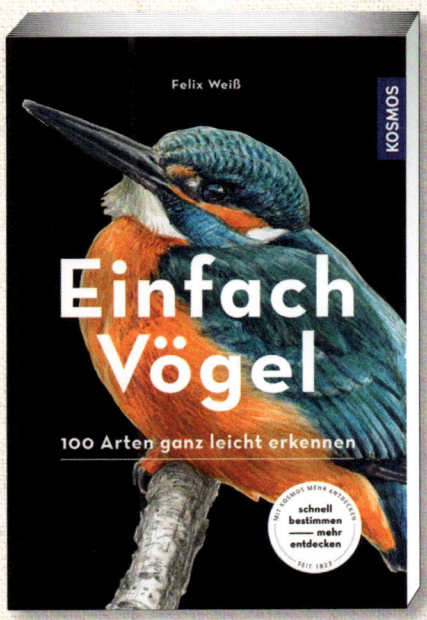

Felix Weiß

KOSMOS

Einfach
Vögel

100 Arten ganz leicht erkennen

schnell
bestimmen
—— mehr
entdecken

128 Seiten, ca. €(D) 14,00

Dieser Naturführer bietet einen einfachen und optisch besonders schönen Zugang zur Vogelwelt. Das Buch stellt 100 Vögel vor, die in Deutschland heimisch sind— ganz übersichtlich mit einer Art pro Seite und bebildert mit wunderschönen Illustrationen von Paschalis Dougalis. Alle wichtigen Merkmale sind direkt an der Farbzeichnung erklärt – mehr muss man nicht lesen, um eine Art sicher zu bestimmen. Die Zusatztexte bieten verblüffendes Spezialwissen, mit dem man für jeden Smalltalk gut gerüstet ist. Ein besonders liebevoll gemachter Vogelführer, den man immer wieder gern zur Hand nimmt.

kosmos.de

Zum Autor

Felix Weiß lebt und arbeitet in Husum, dem Tor zum Nationalpark Schleswig-Holsteinisches Watten-meer, dessen Salzwiesen, Dünen und Strände eine in Deutschland einzigartige Pflanzenwelt beher-bergen. Seine Faszination für die Pflanzenwelt ent-wickelte sich während seines Studiums der Biologie in Konstanz am Bodensee durch Exkursionen mit dem Leiter des Botanischen Gartens Dr. Gregor Schmitz und botanische Bestimmungsübungen alter Schule mit Dr. Volker Hellmann. Von Felix Weiß sind im Kosmos Verlag auch die Bücher „Vögel beobachten in Norddeutschland", „Unsere Vögel und ihre Stimmen" und „Einfach Vögel" sowie die für iOS und Android erhältliche App „Vögel Europas bestimmen – Was fliegt denn da?" erschienen.

Impressum

Umschlaggestaltung von Gramisci Editoral Design (Claudia Geffert), München, unter Verwendung zweier Illustrationen von Marianne Golte Bechtle, Sumpfdotterblume (vorne) und Bittersüßer Nachtschatten (hinten).

Mit 10 Farbfotos von Frank Hecker (S. 6, 9 beide, 10, 11, 12, 15, 16) und Heiko Bellmann über Frank Hecker (S. 7, 8) sowie 217 Farbillustrationen von Roland Spohn (S. 21k, 22k, 23k, 24k, 25k, 26k, 30k, 31k, 36k, 38k, 39, 41k, 43k, 44k, 46k, 47k, 49k, 50k, 54k, 57k, 58k, 59k, 62k, 64k, 66k, 71k, 74k, 78k, 80k, 81k, 82k, 84k, 85k (Einzelblüte), 86, 88k, 89k, 91k, 92k, 94k, 96k, 97k, 99k, 100k, 101k, 103k, 107k, 108k, 109k, 110k, 111k, 114k, 117k, 118k, Klappen (Schmetterlingsblüte, Gestielt, Ungestielt, Stängelumfassend)
Sigrid Haag (S. 33, 34, 63, 64, 66, 79, 80, 101, 105, 106, 107 beide, 108) und Marianne Golte-Bechtle (alle weiteren).
Pflanzenschema und schwarzweiß-Illustrationen auf den Klappen von Wolfgang Lang.
(k steht für die kleinen Detailillustrationen)

Hinweis für den Nutzer Alle Angabe in diesem Buch sind sorgfältig geprüft und geben den neuesten Wissensstand bei der Veröffentlichung wieder. Da sich das Wissen aber laufend weiterentwickelt, muss jeder Anwender prüfen, ob die Angaben nicht durch neuere Erkenntnisse überholt sind. Jede Dosierung und Anwendung erfolgt auf eigene Gefahr. Weder die Autoren noch der Verlag haften für Schäden, die aus der Anwendung der im Buch vorgestellten Hinweise und Ratschläge entstehen können.

Unser gesamtes lieferbares Programm finden Sie unter **kosmos.de**.
Über Neuigkeiten informieren Sie regelmäßig unsere Newsletter, einfach anmelden unter **kosmos.de/newsletter**.

Gedruckt auf chlorfrei gebleichtem Papier

© 2021, Franckh-Kosmos Verlags-GmbH & Co. KG,
Pfizerstraße 5-7, 70184 Stuttgart
Alle Rechte vorbehalten
ISBN: 978-3-440-17025-0
Redaktion: Claudia Salata
Produktion: Markus Schärtlein
Layout, Satz und Klappengestaltung:
Claudia Adam Graphik-Design, Darmstadt
Druck und Bindung: Longo AG, Bozen
Printed in Italy/Imprimé en Italie

MIX
Papier aus verantwor-
tungsvollen Quellen
FSC® C023164

Blütenstände

Die Blüten sitzen bei einer Blume oft nicht einfach nur einzeln auf einem Blütenstiel, sondern sind zu sogenannten Blütenständen zusammengefasst, die charakteristische Formen ausbilden.

 Doldenblüte
Die Blütenstiele entspringen alle in einem Punkt.

 Doldenartige Blüte
Die Form erinnert an eine Dolde, die Blütenstiele entspringen aber nicht an einem Punkt.

 Quirl
Die Blüten sitzen kreisförmig direkt am Stiel.

 Traube
Die Blüten sitzen auf Stielen entlang einer Hauptachse.

 Ähre
Die Blüten sitzen ohne Stiele direkt an der Hauptachse.

 Köpfchen
Die Blüten sitzen an einer verdickten, gestauchten Hauptachse.